ジム・アル＝カリーリ
松浦俊輔 訳

物理パラドックスを解く

PARADOX
The Nine Greatest Enigmas in Science

SoftBank Creative

物理パラドックスを解く

PARADOX

The Nine Greatest Enigmas in Science

Paradox

The Nine Greatest Enigmas in Science

Japanese translation published by arrangement with Jim Al-Khalili
c/o Conville & Walsh Limited through The English Agency (Japan) Ltd.

Illustrator, Patrick Mulrey

ジュリー、デイビッド、そしてケイトに捧ぐ

はじめに

パラドックスには、いろいろな種類のものがある。単純な論理の逆説で、調べる余地があまりないものもあれば、科学の世界全体という氷山に乗って、そのてっぺんに顔を出しているようなものもある。根底にある前提を念入りに検討すれば、前提が一つ、あるいはいくつか、間違っていたことがわかって解決するものも多い。そういうものは、厳密に言えばパラドックスとは言えない。謎が解決してしまえば、もうパラドックスではなくなるからだ。

本物のパラドックスは、循環に陥ったり自己矛盾する論証になったりする、あるいは、論理的にありえない状況について述べている、といった言明だ。けれども「パラドックス」という言葉はもっと広い意味で使われて、私なら「知覚上のパラドックス」と呼びたいようなものも入っていることが多い。そのような謎については出口がある。パラドックスがその中に種や仕掛けを隠していて、受け取る側にわざと誤解させるということもある。仕掛けが明らかになってしまえば、矛盾も不条理も消えてしまう。逆に、言われていることや結論が、初めは不条理、あるいは少なくとも直感にはまったく反するように思えたのに、導かれた結果は意外でも、よくよく考えてみると、実はそう不条理ではないことがわかる、というタイプの知覚上のパラドックスもある。

そしてさらに、物理学のパラドックスという区分がある。そのすべては——もちろんほとんどすべてということだが――基礎的な科学の知識が少しあれば解決できる。この本で私が目を向けるのはそういうものだ。

　そこでまず、本物の論理パラドックスを簡単に見てみよう。それによって、この本では語ろうとしていないことがどういうことか、明らかになるだろう。それは、本当に迷路からの出口がないように構成されている言明のことだ。

　こんな単純な文を考えてみよう。「この文は嘘だ」。最初に字面を追えば、言葉そのものはごく単純に見えるものと思う。ところが意味について考えて、この発言からどういうことになるか、よくよくたどってみると、論理的なパラドックスであることがはっきりする。たった六文字で本当に頭が痛くなるようなことが言えるものだろうか。そうだとすれば、それこそパラドックスかもしれないが、楽しい頭痛であると言いたい。きっと、家族や友だちに教えて困らせてやりたくなることだろう。

　おわかりのとおり、「この文は嘘だ」は、自らが嘘だと公言すると、それは嘘とならざるをえず、だから嘘ではないことになる――つまり正しいわけで、そうすると確かにそれは嘘だということになり、するとやはり嘘ではないことになる。以下同様で、無限の堂々巡りだ。

　そういうパラドックスはたくさんあるが、この本はそういうパラドックスの話ではない。

　この本は、むしろ科学の世界にあって、私が気に入っている謎や難問の話で、どれもパラドックスと呼ばれて有名になっているが、正しい視点からよくよく考えればそうではないことがわかるものだ。一読すると著しく直感に反しているが、必ず物理について、どこかで微妙な考察が欠けていることがわかる。それをきちんと考慮に入れれば、パラドックスがパラドックスであることを支えている柱の一本がはずれ、構造物全体が崩れ落ちる。

　すでに解決しているとはいえ、多くは今でもパラドックスと呼ばれている。それは、一部には、最初に言われたときに（どこがおかしいか明らかになる前に）得た悪名で有名になりすぎたからでもあるし、また一部には、パラドックスとして提示されると、科学者がやっかいな概念について考え方を変えるのを助ける、有益なツールにもなるからだ。それに、そういうものを調べるのは楽しいからでもある。

　これから見ていく問題には、一見すると、知覚上のパラドックスどころか本物のパラドックスに見えるものも多い。それがねらいだ。有名な時間旅行のパラドックスのごく単純な形のものを取り上げよう。タイムマシンに乗って過去へ行き、そこでもっと若い頃の自分を殺すとどうなるだろう。殺した自分はどうなるか。元の自分がそれ以上年をとらないようにしたのだから、そこでぷつんと消えてしまうだろうか。そうだとすると、本人が人殺しタイムトラベラーになる年齢に達しなかったことになる。すると今度は、誰が昔の自分を殺すのだろう。年を取ったほうの自分には完全な現場不在証明《アリバイ》がある。そもそもそんな奴はいないのだ。つまり、時間をさかのぼって昔の自分を殺すところまで生きられないのなら、今度は昔の自分を殺さないことになるので、今度は生き延びてその年になり、過去に戻って自分を殺すことになり、すると殺したのだから今度は生きられないことなって……以下同様となる。これは文句なしに論理パラドックスに見える。ところが物理学者は、時間旅行の可能性を、少なくとも理論的には排除してしまってはいない。すると、このいかにもパラドックスとなる循環からどうやって抜け出せるのか。このパラドックスについては第7章で取り上げる。

知覚上のパラドックスのすべてが、読み解くために科学的素養を必要とするわけではない。その点を明らかにするために、第1章では、常識的な論理で解ける知覚パラドックスをいくつか紹介しておいた。常識的な論理で解けるとはどういうことだろう。まず、単純な統計的パラドックスを考えよう。基本的な相関関係から間違った結論を引き出すことができてしまう類のものだ。たとえば、教会の数が多い町では、一般に犯罪の発生率も高いことが知られている。教会が無法と犯罪の温床だと思っているのでなければ――どんな宗教を信じ、道徳的な見解をもっていようと、そんなことはないだろう――これはなかなかのパラドックスだ。ところが答えは実にあっさりしている。教会の数が多いのも、犯罪が多くなるのも、人口が多いことの当然の結果なのだ。AからBが生じ、AからCが生じるからといって、BからCが生じるとか、逆にCからBが生じるといったことにはならない。

次のような単純な頭の体操もある。初めて聞くと逆説的だが、そのパラドックスらしいところは、説明されてしまうと消え去ってしまう。何年か前にこれを私に教えてくれたのは、スコットランドの物理学教授で、私の同僚でもあり親友でもある人物だ。

教授は「スコットランドから、南にあるイングランドへ移動するスコットランド人はみんな、イングランドとスコットランド両方のＩＱの平均点を上げている」と主張する。

要するにこういうことだ。スコットランド人はみんな、自分たちはあらゆるイングランド人よりも頭がいいと言っていて、誰がイングランドへ行ってそこで暮らそうと、イングランドのＩＱの平均点を上げる。ところが、スコットランドを出るなどというばかなことをするのは、スコットランド人の中では頭が悪いほうの人だから、その人が出て行けば、残ったスコットランド人のＩＱの平均点は少し上がる。というわけで、最初は矛盾した話に思えたことが、単純な論理的推論によって、見事に解決した――もちろんイングランドの人にとっては説得力はないが。

第1章では、科学なしでも解決できる有名なパラドックスをいくつか楽しんでいただき、その後の章では、私が選んだ九つの物理学のパラドックスに進む。それぞれ命題を述べたあと、それを裸にして、根底にある論理を明らかにする。その上で、間違っているところを、あるいはそもそも実は何の問題にもなっていないことを示し、パラドックスが消えることを説明する。どれも楽しいはずだ。そこにはなにがしかの知的な内容があるからであり、出口があるからでもある。どこを見ればいいのか、つくべき弱点がどこにあるのか、丁寧に調べて科学をよく理解すればいいだけだ。するとパラドックスはパラドックスではなくなる。

出てくるパラドックスにはおなじみの名のものもある。たとえば、「シュレーディンガーの猫のパラドックス」を取り上げよう。不運な猫が密閉された箱に閉じこめられ、外にいる私たちが箱を開けてみるまで、同時に生きていてかつ死んでいるという話だ。たぶんそれほどなじみはないが、それでも知る人ぞ知る、「マクスウェルの魔物」がいる。これもやはり密閉された箱の中を把握して、熱力学の第二法則という科学でもいちばん神聖な掟を破れる――箱の中の混合物を分離してきちんと整った状態にする――ように見える、神がかった存在だ。そのようなパラドックスやその解き方を理解するには、背景にある科学を少し把握する必要がある。そこで私は、微積分や熱力学や量子力学についてのつっこんだ知識がなくてもこの話の展開をきちんととらえて楽しめるように、背景にある科学の考え方をできるだけ混乱のないように見渡すという難題に取り組んでもいる。

それ以外のパラドックスのいくつかは、私がこの一四年間、大学の学部で教えてきた相対性理論の授業から取り入れた。たとえばアインシュタインの空間と時間に関する考え方は、「小屋の中の長い棒のパラドックス」とか、「双子のパラドックス」とか、「祖父殺しのパラドックス」とかのように、論理による頭の体操の確固たる地盤を提供してくれる。猫や魔物がかかわるパラドックスのように、一部の人の目には、まだ満足して終わりにするわけにはいかないものもある。

私の考える物理学最大の謎を選ぶ際には、最大の未解決問題を追いかけるようなことはしなかった――たとえば、ダークマターとダークエネルギーという、その二つでこの宇宙の中身の九五パーセントを占めるものが何でできているか、あるいは、ビッグバンより前があったとしたら、何があったのか。こうした問いは、とてつもなく難しく奥深く、科学もまだ答えを見つけていない。ダークマターという、銀河の質量の大半を占める謎の物質の正体のように、ジュネーヴの大型ハドロン衝突型加速器（ＬＨＣ）といった粒子加速器がこれからどんどん新たな刺激的な発見を続けていけば、近い将来、答えが見つかりそうなものもある。一方、ビッグバンの前の時期の正確な描写のように、永遠に答えられないままかもしれないものもある。

私が目指したのは、実際的な幅広い選択をすることだった。以下に取り上げるパラドックスはすべて、時間や空間の正体、大小両極から見た宇宙の特性にかかわる深い問題を取り扱っている。理論から予言されることが、初めて見ると実に奇妙に思えるものの、理論の背後にある考え方を丁寧に調べれば理解できるようになる。そのすべてに片をつけることができないか、またその途上で、何か心を広げるような楽しいことが得られないか、見ていただきたい。

第1章
クイズ番組のパラドックス

論理の落とし穴

物理学に本格的にとりかかる前に、肩ならしのウォーミングアップとして、単純ながら楽しくもどかしいパズルをいくつか取り上げてみよう。この本で取り上げる他のパラドックスと同じく、これも本当はパラドックスではない。注意深くほぐしてやる必要があるだけだ。とはいえ、次章から登場してもらうものについては基礎となる物理を理解する必要があるが、ここに出てくるパラドックスのほうは、科学のことを何も知らなくても解ける、論理による頭の体操問題だ。その最後に登場する、「モンティ・ホール・パラドックス」とも呼ばれるいちばんおいしいパズルは実にやっかいで、ここでは少々手間をかけて、何通りかの分析をしてみる。だから、自分でこれがいいと思える答えをどれか選ぶこともできる。

本章のパズルはすべて、「真理（veridical）パラドックス」と「虚偽（falsidical）パラドックス」という、ちょっと変わった名前がついた二つに区分けされる。真理パラドックスは、常識に合わないためにすんなりとは呑みこめない結論が出てくるものの、あっけないほど単純な論理を注意深く使えば、正しいことが示せるものを言う。実は、この種のパラドックスについては、どこかに落とし穴があるにちがいないという不安な感じにつきまとわれながら、確かにそれが正しいことを納得させられる方法を探すところにおもしろみがある。すぐ後で取り上げる誕生日のパラドックスや、くだんのモンティ・ホール・パラドックスは、この区分に入る。

虚偽パラドックスのほうは、最初は文句なくわかりやすいところから始まるのに、どういうわけか、最後にはおかしな結果に行き着いてしまう。ただ、こちらの場合には、一見するとおかしな結論は実際に間違っている。これは論証のどこかに、誤りの元になる、あるいは間違ったステップが潜んでいることによる。虚偽パラドックスの例としては、式計算をほんの何段階かたどって、1＝2のようなことを「証明」するひっかけの数学などがある。いくら論理や理屈を積み重ねても、こんなことが本当だとは、とうてい思えないはずだ。この本では、そうしたものは取り上げない。私ほど式の計算が好きでない方々を数式で苦しめたくはないからだ。そういう変な「答え」を出す計算は、たいてい、式をゼロで割るという、ちゃんとした数学者なら何としても避けなければならないと思っている段階が含まれているとだけ言っておこう。

ここでは最小限の数学力があれば把握できる、少数の問題だけを考える。まずは、「消えた一ドルの謎」と、「ベルトランの箱のパラドックス」という、二つの虚偽パラドックスから始めよう。

消えた一ドルの謎

これは私が何年か前、「マインド・ゲーム」というテレビのクイズ番組にゲストで出たときに使ったという、華々しい経歴のある問題だ。番組の構成は、毎週何人かのゲストが出演し、数学者で司会のマーカス・デュ・ソートイが出すパズルを解いて競うというものだった。さらに、ゲストはそれぞれ、自分のお気に入りの頭の体操問題を持ってきて、他のチームを悩ませることも求められていた。

問題の話は次のように進む。

ホテルに三人の客が一晩泊まることになりました。若いフロント係は、ベッドが三つある部屋が三〇ドルと言いました。三人は、その部屋に相部屋で泊まり、一人が一〇ドルずつ払うという話でまとまりました。鍵をもらい、さあ寝ようと部屋に向かいます。
すぐ後で、フロント係はミスに気づきます。その週はキャンペーン中で、三人が泊まった部屋は二五ドルにすることになっていたのです。上司にとやかく言われないように、すぐにレジから五ドルを取り出すと、急いでミスを正しに行きました。ところが、部屋へ行くまでのあいだに考えてみると、五ドルを三等分することはできません。そこで一人に一ドルずつ渡して二ドルは自分が取っておくことにしました。これでみんなが幸せになれるじゃないか、というわけです。

ところが問題が残ります。三人は九ドルずつ出して部屋に泊まったことになります。ホテルに支払った額は二七ドルということになって、フロント係がさらに二ドル持っていますから、合わせて二九ドルです。元の三〇ドルのうち残りの一ドルはどうなったのでしょう。

これであっさり答えがわかる人もいるかもしれないが、私は初めて聞いたとき、すぐにはわからなかった。そこで、この先を読む前に、少し考えていただこう……

……帳尻は合いましたか？　要するにこの問題は、話の進め方にひっかけがあるからパラドックスであるかのように思えるだけだ。論理の間違いは、二七ドルとフロント係が取った二ドルを足したところにある。そんな足し算をするのがおかしい。この二ドルは三人連れが払った二七ドルの中から出てきたものだからだ。この段階で帳尻を合わせなければならない額は、もう三〇ドルではなくなっているのだ。フロント係が取った二ドルは、三人連れが払った二七ドルから引くべき数だというわけで、引いた残りの二五ドルはちゃんとレジに残っていて、これで帳尻は合った〔2を27に足すのがおかしいというのは、25＋2＋3の線分を描くと、30との関係も含めてわかりやすい。2は27の位置の左にあるもので、それを27の右に置く（＝足す）ことに意味はない〕。

ベルトランの箱のパラドックス

虚偽パラドックスの次の例は、一九世紀フランスの数学者、ジョゼフ・ベルトランによるものとされている（同じベルトランのパラドックスでも、いちばん有名なもっと本格的な数学に属するものとは違う）。

三つの箱があり、それぞれ硬貨が二枚ずつ入っています。それぞれの箱を仕切りで二つに分け、硬貨も一枚ずつ二つに分けます。仕切りのどちらの側も別々に開けることができて、そうして中の硬貨を見ることができます（もう一枚の硬貨は見えません）。ある箱には金貨が二枚入っています（この箱をGGとします）。別の箱には銀貨が二枚入っています（SSとします）。残ったもう一つの箱には金貨と銀貨が一枚ずつ入っています（GSとします）。金貨と銀貨が入った箱（GS）を選ぶ確率はいくらでしょう。

答えはもちろん簡単なことで、三分の一だ。これはパズルでも何でもない。

そこで箱をランダムに選ぼう。蓋の一つを開けてみたら、中に金貨が見えました。するとどうなるでしょう。この箱がGSの箱である可能性はどうなりますか……まず、金貨があったことから、これはSSの箱でありえないことがわかるので、SSという選択肢は消すしかなくなり、残る選択肢はGGかGSの二つということになって、つまり、これがGSの箱である確率は、二分の一ということになる……でしょう？　逆に、蓋を開けたら銀貨があったということだったら、今度はGGという選択肢を消せるから、残りはSSかGSかということになり、やはりGSの箱である確率は二分の一となる。

選んだ箱の蓋を開ければ、必ず金貨か銀貨かどちらかがあるし、全部でそれぞれ三枚ずつあるので、どちらが出てくるかの可能性は等しく、いずれが出てきたところで、GSの箱を見ている確率は二分の一になる。要するに、どれかの箱を選んでその片側を覗くと、それがGSである確率は、覗く前の三分の一から二分の一に変わってしまう。けれども、硬貨の一つを見ることで、どうしてこんなふうに確率が変わるのだろう。ランダムに箱を選ぶとし、その蓋を開けてみる前はGSの箱である可能性は三つに一つだということがわかっているとする。蓋を開けて中を見たからといって、どのみち金貨か銀貨が見えることはわかっているのだから、そこから何かの情報が得られるわけでもない。それなのに、どうして確率が三分の一から二分の一に切り替わるのか。どこが間違っているのだろう。

　実は、確率はいずれにせよ三分の一で、箱の硬貨を見ようと見まいと、二分の一になるわけではない、というのが正解。開けてみたら金貨だった場合を考えてみよう。金貨はぜんぶで三

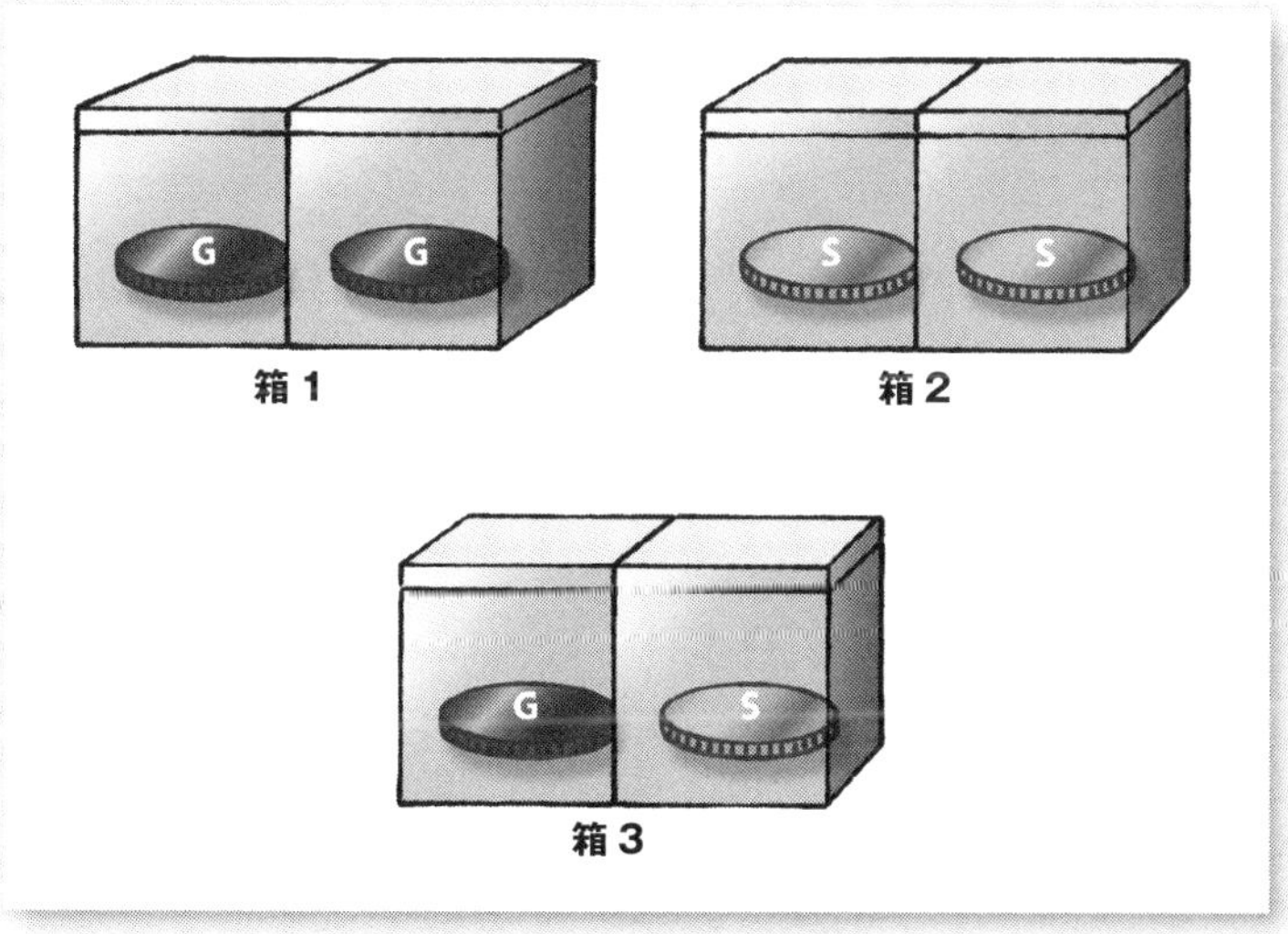

図1.1　ベルトランの箱

枚ある。それをG1、G2、G3としよう。そして、箱GGに入っている金貨をG1とG2とし、箱GSに入っている金貨をG3とする。箱の一つを開けて、そこに金貨が入っていたら、見えている金貨はG1、G2いずれでもよいので、その箱がGGである確率は三分の二ということになる。その金貨がG3で、したがって選んだ箱がGSである確率は三分の一しかないのだ。

誕生日のパラドックス

次は、きわめて有名な真理パラドックスの一つ。これまでの二つの例とは違い、こちらには何の仕掛けもなければ、推論に間違いもないし、ものの言い方でごまかそうというのでもない。答えに納得がいくかどうかは別として、以下の話は、数学的にも論理的にも文句なしに正しく筋が通っているということは、念を押しておく。ある意味で、そのもどかしさこそが、このパラドックスをいっそうおもしろくしているのだ。それはこんなふうに立てられる。

部屋にいる人の中で、誕生日が同じ人がいる確率を五分五分以上に――つまり、誕生日が同じ人がいない場合よりいる場合のほうが多くなるように――するには、何人いなければならないでしょう。

まず、いささか素朴にすぎる常識を効かせてみよう（もちろんそれは後で間違っていることがわかる）。一年は三六五日あるので、三六五席ある大講義室を考えてみよう。一〇〇人の学生が入ってきて、めいめい、勝手に席に着く。友だちどうしで隣に座りたがる学生もいれば、後ろの方に目立たないように座って、眠ってもわからないようにしたい学生もいるし、真面目で前の方の席に座りたいという学生もいる。けれども、どういう分布になろうと、それは問題ではない。どう席に着こうと、座席の三分の二以上は空いている。もちろん、すでに誰かが座っている席に座る生徒はいないが、これだけ広々としたところを埋めるとなると、二人の生徒が同じ席に座りたがる可能性もそうはない。私たちはどこかでそう思っている。

今度はこの常識的な考え方を誕生日の問題にあてはめると、一〇〇人の生徒の誰かと誰かが同じ誕生日になる可能性は、同じように低いと思われるかもしれない。座席と同じ数だけ日があるからだ。もちろん、誕生日が一緒というペアができることはあるだろうが、直感的には、そういうペアは、いるよりいない可能性のほうが高いと思うものだ。

当然、三六六人の集団なら（閏年を考えなければ）、少なくとも二人は誕生日が同じになることに説明は要しない。けれども、人数を減らすとおもしろいことになってくる。

実は、信じられないかもしれないが、部屋に五七人いれば、誰か二人の誕生日が同じになる確率は九九パーセントにもなる。つまり、たった五七人いるだけで、ほぼ確実に、その中の誰か二人は誕生日が同じになる。これだけでも十分信じがたいことではないか。ところが、パズルが求めているのは、誕生日が同じ二人が「いないよりいる可能性が高くなる」(つまり確率が二分の一よりも高くなる)ための人数で、それだと五七人よりもかなり少なくてもよいはずだ。実は、その数はたった二三人ということになる。

初めてこの答えを聞くと、たいていの人はそれに驚き、それが正しいことを確かめても、やはり腑に落ちない気持ちが残る。ぱっと見には、それほど信じにくいことだからだ。そこで、その数学的な理屈を調べてみよう……できるだけわかりやすく説明しますからね。

まず、問題をできるだけ簡単にしておこう。閏年は考えない。また、一年のあいだのどの日付も誕生日になる確率は等しいとして、部屋には双子はいないものとしよう。

多くの人が間違うのは、部屋にいる人数と、一年の日数という二つの数を比べる問題だと思ってしまうところだ。二三人の人がいて、それぞれ誕生日として三六五通りの選択肢をもっているので、それが一致しない可能性のほうがずっと高いように見える。けれども、問題をそのように見るところが間違っている。要するに、誕生日が同じになるには、個人個人ではなく、ペアが必要で、その組合せが何通りあるかを考えなければならないのだ。いちばん単純な場合から始めよう。三人だけがいるとすると、ペアはA－B、A－C、B－Cという三組ができる。ところが四人になると、ペアは六つ、A－B、A－C、A－D、B－C、B－D、C－Dとなる。二三人となると、ペアは二五三通りできる。その二五三組のうち一組が、一年三六五日の中からある一日を誕生日にしているという話なら、先ほどよりもずっと信じやすいことだろう。

確率を正しく計算する方法は、一組のペアから始め、そこに人を加えていって、誕生日が同じになる確率がどう変化するかを見ることだ。この計算をするには、誕生日が同じになる確率を求めるのではなく、まず、新たに加わる人がそれまでの他の全員を避ける確率を求める。たとえば、第二の人物が第一の人物と誕生日が異なる確率は364÷365となる。一日を除いてどの日でもとれるからだ。第三の人物が最初と次の人の誕生日をはずす確率は、363÷365となる。しかし、最初の二人も互いの誕生日を避けなければならないことを忘れてはいけない（364÷365のぶん）。確率論では、二つの別々のことが両方とも起きる確率を計算したいときには、一方が起きる確率ともう一方が起きる確率をかけ合わせなければならない。つまり、第二の人物が第一の人物の誕生日をはずす確率と、第三の人物が第一の人物と第二の人物の誕生日をはずす確率をかけるということだ。

$$\frac{364}{365}\times\frac{363}{365}=0.9918$$

これが三人が互いの誕生日をはずす確率なら、三人のうち誰か二人が同じ誕生日になる確率は、結局、次のようになる。

$$1-0.9918=0.0082$$

つまり、わずか三人のあいだで考えると、誕生日が同じになる確率は、最初に予想されたように、相当に小さい。

この手順を進めよう――一人ずつ加えて、かける分数の列を伸ばして、他の誰の誕生日とも違う確率を求める——そして〇・五、つまり五〇パーセントを下回る答えが出るところまで行く。もちろん、そうなったとき、いずれかのペアの誕生日が同じになる確率が五〇パーセントを超える。そのために必要な分数は二三個ということがわかる。つまり二三人だ。

$$\frac{364}{365}\times\frac{363}{365}\times\frac{362}{365}\times\frac{361}{365}\times\cdots\cdots\times\frac{342}{365}=0.4927\cdots\cdots$$

（23個の分数がかけられる）

したがって、部屋にいる誰か二人の誕生日が同じになる確率は、

$$1-0.4927=0.5073=50.73\%$$

このパズルを解こうと思うと、少々確率論が必要だった。次のパズルは、ある意味で、もっと単純でわかりやすい。思うに、その点がこの問題をさらに信じがたくしている。これは私の大好きな真理パラドックスだが、それは、この問題を言葉にするのは簡単で、説明もすぐできるのに、なかなか理解できないからだ。

モンティ・ホール・パラドックス

このパズルは「ベルトランの箱」のパラドックスに連なるもので、数学者が「条件付き確率」と

呼ぶものの威力を示す一例となっている。これは「三人の囚人の問題」と呼ばれるパズルが元になっている。アメリカの数学者マーティン・ガードナーが『サイエンティフィック・アメリカン』誌に連載していたコラム「数学ゲーム」の、一九五九年の記事で取り上げられていた問題だ。けれども私が思うには、モンティ・ホール・パラドックスのほうが優れているし、ずっと明瞭に仕立てられている。モンティ・ホールと呼ばれるのは、アメリカの長寿テレビクイズ番組「取引しましょう(Let's Make a Deal)」の司会者だったカリスマ性のあるカナダ人、モンティ・ホールの名による。元はMonteでモンティだったが、その昔、芸能界に入ったとき、ファーストネームの綴りをMontyに変えていた。

スティーヴ・セルヴィンという、カリフォルニア大学バークリー校の教授を務めるアメリカの統計学者がいる。授業や指導で賞をとったこともある、高名な教育者だ。学者としては、数学の専門知識を医学、とくに生物統計学の分野に応用したことで知られる。それでも、セルヴィンが世界的な名声を得たのは、本業での少なからぬ業績によるのではなく、モンティ・ホール・パラドックスについて書いた楽しい記事による。発表されたのは、『アメリカン・スタティスティシャン』という学術誌の一九七五年二月号で、たった半ページの記事だった。

セルヴィンには、自分が書いた短い記事がそれほど大事になろうとは、思いもよらなかっただろう。何と言っても、『アメリカン・スタティスティシャン』は専門誌で、学者や教師が読むものだ。そして実際、セルヴィンが立てて解いた問題が一般の人々の意識にのぼるのには、一五年がかかることになる。『パレード』という、アメリカで何千万部という発行部数を誇る週刊誌〔新聞の日曜版に折り込まれて流通する〕の、「マリリンに聞く」という、読者が問題を出し、マリリン・ヴォス・サヴァントがその数学パズルやら、頭の体操やら、ややこしい論理の問題やらの答えを出すというコラムに、一九九〇年九月、ある読者が投稿したパズルが掲載された。ヴォス・サヴァントが知られるようになったのは、一九八〇年代半ばに、世界最高のIQを出したことで『ギネスブック』に載ったことによる(IQは一八五とされた)。この号の「マリリンに聞く」の記事を書いたクレイグ・F・ウィテカーが問題としてヴォス・サヴァントに出したのは、セルヴィンによるモンティ・ホール・パラドックスの改訂版だった。その後の展開は、掛け値なくものすごいことになった。

『パレード』誌に問題と、マリリン・ヴォス・サヴァントが出した答えが掲載されるや、全国的、さらには世界的な注目を浴びた。その答えは、すんなりとは呑みこめるものではなかったが、セルヴィンの元の答えと同じく、文句なく正しかった。ところがまもなく、マリリンが間違っていると断じる怒りに燃えた数学者からの手紙が多数、編集部に届いた。以下に、そのうちの三通から一部を抜き出してみた。

　私はプロの数学者として、一般の人々の数学力のなさを非常に憂慮しています。ご自身の間違いを認め、今後はもっと慎重になることによって、一般の水準を向上させる助けになってください。

どじりましたね。大ポカです。ここに出てくる基本的な原理が難しくて把握できていないようです……この国の数学リテラシー不足はもう十分で、それを世界最高のＩＱでさらに広めてもらう必要はありません。あきれます。

今後この種の問題に答えようとする前に、確率論の標準的な教科書を買って参照することをお勧めします。

少なくとも三人の数学者に間違いを指摘されてもまだ自分の間違いがおわかりにならないことに、私は衝撃を受けています。

ひょっとすると、数学の問題について、女性は男性とは違う見方をするのかもしれません。

いやはや、怒った人の多いこと。その後、恥をかいた人も何と多かったことか。ヴォス・サヴァントは後の号でこの問題を再び取り上げ、自分の立場を変えず、自説を明瞭に、また争う余地なく論じた。さすがにＩＱ一八五と思われるような論証だった。一連の話は、その後『ニューヨーク・タイムズ』紙の一面記事までになったし、今なお盛んに議論されている（ネットで検索してみればすぐにわかる）。

このパラドックスは解きにくくて、ちゃんと考えられるのは天才だけだ、というふうに思えてきたかもしれないが、そんなことはない。実は、説明のしかたはたくさんあって、インターネットには、説明してくれる記事やブログがあふれているし、中にはYouTubeのビデオさえある。

ともあれ、歴史をあさってじらすのはもう十分だろう。そろそろ正面から問題に迫ることにしよう。まず、一九七五年の『アメリカン・スタティスティシャン』誌に載った「確率の問題」という、スティーヴ・セルヴィンによる楽しい元の形のものを引くのが何より公平なやり方だと思う。

確率の問題

モンティ・ホールが司会の有名なテレビ番組「取引しましょう」でのこと。

モンティ・ホール――A、B、Cの札がある箱の一つには、リンカーン・コンチネンタル一九七五年型のキーが入っています。他の二つは空です。キーが入った箱を選べば、車が当たります。

挑戦者――（深呼吸）

モンティ・ホール――箱を一つ、お選びください。

挑戦者――Bの箱にします。

モンティ・ホール――AとCの箱がテーブルに残りました。Bの箱をどうぞ（挑戦者はBをしっかりとつかむ）。その箱に車のキーがあるかもしれませんね。一〇〇ドルで売ってくれませんか。

挑戦者――いえ、結構です。

モンティ・ホール――二〇〇ドルでどうですか。

挑戦者――だめです。

観客――だめえ。

モンティ・ホール――いいですか？ その箱に車の鍵が入っている確率は三分の一で、何も入っていない確率が三分の二ですよ。五〇〇ドル出しましょう。

観客――だめえ。

挑戦者――いえ、この箱は渡しません。

モンティ・ホール――ではここで、特別な計らいとして、テーブルに残った箱の一方を開けてみましょう（Aの箱を開ける）。空です。（観客――拍手）これで、Cの箱か、あなたがお持ちのBの箱か、どちらかにキーがあるということですね。残った箱は二つですから、あなたの箱にキーが入っている確率は二分の一です。その箱に現金で一〇〇〇ドル出しましょう。

ちょっと待った！

モンティが言っていることは本当だろうか。挑戦者は、テーブルに残った箱のうち少なくとも一方は空だということをはなから知っている。それが今度はAの箱が空だということを知った。そのことが、自分がキーの入った箱を手にしている確率を三分の一から二分の一に上げるのだろうか。テーブルに残った箱のうちどちらかは空に決まっている。モンティは、二つのうちどちらが空かを見せたことで、参加者に有利になるよう計らったのだろうか。車が当たる確率は二分の一か、それとも三分の一か。

挑戦者――このBの箱と、テーブルのCの箱を交換します。
モンティ・ホール――おやおや？ いいんですか。
言えること――この挑戦者はよくわかってらっしゃる。

スティーヴ・セルヴィン
カリフォルニア大学バークレー校公衆衛生学部

セルヴィンはこの記事で、問題のある重要な部分を省略している（どう重要かは、すぐに明らかになる）。モンティ・ホールは、どの箱にキーがあるか知っていて、開けられるのは必ず空の箱なのだが、セルヴィンはそのことを明言していないのだ。公平を期すと、セルヴィンは確かに、モンティ・ホールが「特別な計らいとして、テーブルに残った箱の一方を開けてみましょう」と言ったことは述べている。私はこれを、モンティ・ホールが自分が開ける箱には何も入っていないことをちゃんと知っているという意味だと見るが、それなら、私のよく知っているあのパラドックスだ。この点はささいなことに見えるかもしれない。挑戦者のほうからすれば、それがいったい確率にどう影響するというのか。これから、モンティ・ホールが知っているという一点に答えのすべてがかかっていることを見ていこう。

セルヴィンは、『アメリカン・スタティスティシャン』誌一九七五年八月号で、この点を明瞭にせざるをえなくなった。一五年後のマリリン・ヴォス・サヴァントのように、解答を受け入れることができなかった他の数学者からの批判にさらされたからだ。セルヴィンはこう書いた。

『アメリカン・スタティスティシャン』誌一九七五年二月号に寄せた「確率の問題」という題の「編集長への手紙」について、多数のご意見のお便りをいただいた。お便りの何通かは私の答えが間違いだとされていた。私の解答の土台は、モンティ・ホールがどの箱にキーが入っているか、知っているということだ。

問題をもっと丁寧に検討するために、ここでは、少し手を加えて、『パレード』誌に出た、もっと短くてよく知られた形のものを出す。こちらでは、三つの箱は三つの扉となっている。

あるゲーム番組に出て、A、B、Cの三つの扉から一つ選べるとしましょう。どれか一つの扉の向こうには車があって、他の扉の向こうにはヤギがいます。扉を一つ、たとえばAを選ぶと、どの扉の後ろに車があるかを知っている司会者が、たとえばBの扉を開けて、ヤギがいることを見せます。司会者は「Cに替えますか」と尋ねます。選ぶほうとしては、扉の選択を変えたほうが有利になるでしょうか。

もちろん、挑戦者はヤギをもらうよりも車のほうがずっとうれしいという前提だ。この点は明示されていないので、挑戦者はヤギ好きの自転車愛好家ではないものとする。

マリリン・ヴォス・サヴァントは、スティーヴ・セルヴィンによる何年も前の答えと同じく、挑戦者は必ず最初に選んだものをやめて変更するのがよいとした。それによって、当たる確率を三分の一から三分の二へと二倍にできるからだという。しかし、どうしてそうなるのだろう。そこがモンティ・ホール・パラドックスの肝心なところだ。

もちろん、この選択肢を前にした挑戦者はたいてい、何か落とし穴があるのかと不審に思うものだ。後ろに目当ての賞品がある可能性は、どちらの扉も等しいはずなので、最初の勘を信じてAのままにしておけばいいではないか。確かに、車はAかCか、どちらかの後ろにあり、参加者にして

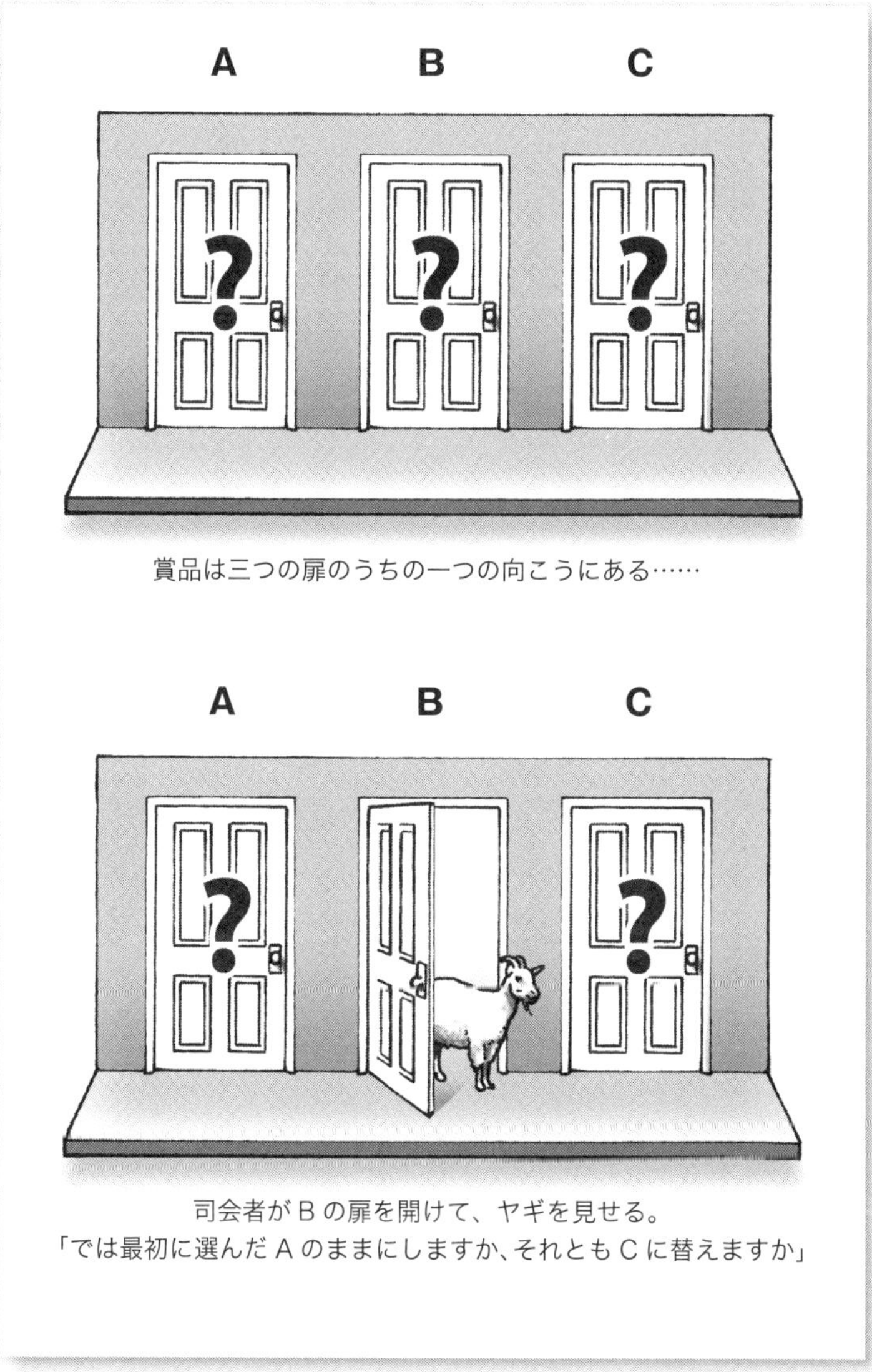
A
B
C
賞品は三つの扉のうちの一つの向こうにある……
A
B
C
司会者がＢの扉を開けて、ヤギを見せる。
「では最初に選んだＡのままにしますか、それともＣに替えますか」

図 1.2　モンティ・ホール・パラドックスの問題

みれば、その確率は等しいし、替えても替えなくても、違いはないはずだ。

話があやしく、また紛らわしく、プロの数学者までが間違ったわけもわかるだろう。そこで以下に、何通りかの方法でパラドックスに説明をつけよう。

①確率を確かめる

これが、変更すれば当たりの可能性が確かに二倍になることを証明する、いちばん丁寧で、筋道立てた鉄壁の方法だ。確認しておくと、最初に選んだ扉はAだった。モンティ・ホールは、車がどこにあるかを知っていて、残った二つの扉の一方（B）を開き、そこにヤギがいるのを見せて、Cに変更してもいいという機会を提供する。

まず、Aのまま替えない場合を考えよう。

車は三つの扉のどの後ろにあってもよく、確率は等しい。

- Aの後ろにあるなら、B、Cいずれが開けられるかは無関係。挑戦者の勝ち。
- Bの後ろにあるなら、Cの扉が開けられる。Aのままなら挑戦者の負け。
- Cの後ろにあるなら、Bの扉が開けられる。Aのままなら挑戦者の負け。

車がどこにあるか知っているモンティ・ホールがＢの扉を開けてヤギがいることを見せると、元の選択Ａを変更しなければ、車が当たる確率は三分の一。これに対してＣに変更したときには確率は三分の二。

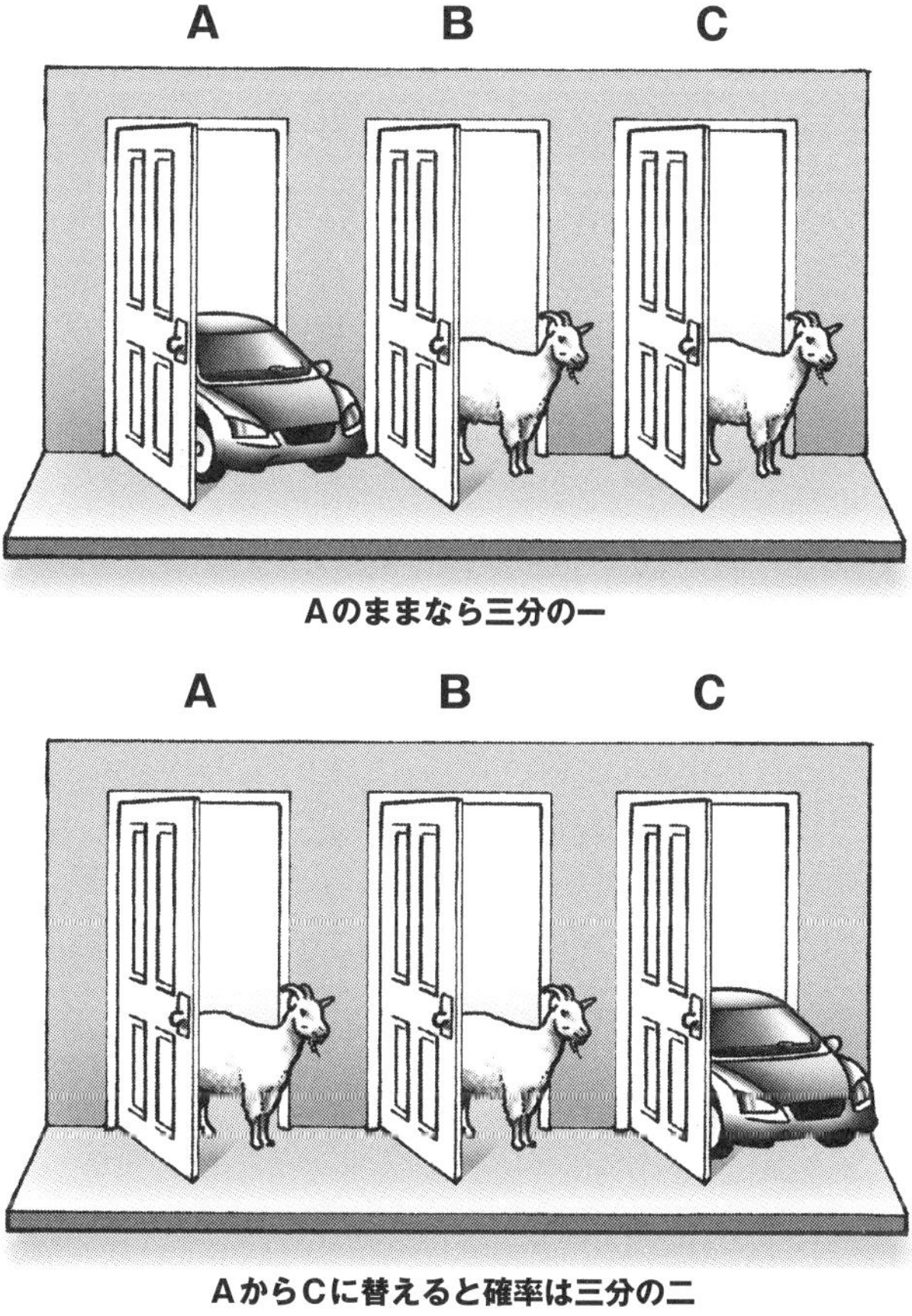

Aのままなら三分の一

AからCに替えると確率は三分の二

図 1.3　モンティ・ホール・パラドックスの解答

つまり、変更しなければ、車が当たる確率は三分の一。

今度は変更するほうの選択肢を考えよう。

こちらでも、車は三つの扉のどの後ろにあってもよく、その確率は等しい。

・Aの後ろにあるなら、B、Cいずれが開けられるかは無関係。挑戦者の負け。
・Bの後ろにあるなら、Cの扉が開けられる。AからBに変更すれば、挑戦者の勝ち。
・Cの後ろにあるなら、Bの扉が開けられる。AからCに変更すれば、挑戦者の勝ち。

つまり、変更すれば、車が当たる確率は三分の二。

②数学抜きの証明——常識による扱い

以下の説明は、実は厳密な意味での証明ではなく、むしろ、数学抜きで解答を受け入れやすくする方法だ。

扉が三つではなく、一〇〇〇枚あったらどうなるか。一枚の向こうには車があり、それ以外の九九九枚の向こうにはヤギがいる。その中から一枚をランダムに選ぶ。たとえば七七七番の扉としよう。もちろん、どんな理由からでも好きな扉を選んでもよかったが、超能力でもないかぎり、車が隠れている扉を選ぶ可能性は一〇〇〇分の一となる。車がどこにあるか知っているモンティ・ホールが、二三八番以外のすべての扉を開けて、どれにもヤギがいたとしたらどうなるか。九九八頭のヤギがこちらを見つめていて、二枚の扉が閉まっているのが見える。自分が選んだ七七七番の扉と、開かずに残っている二三八番の扉だ。替えずにそのままか、変更するか。

司会者がこの扉だけを開けなかったのは何かあやしいと思わないだろうか。こちらがランダムに選ぶときには利用できなかったある情報が、あちらにはある。司会者は車がどこにあるか知っているのだ。向こうは、こちらがランダムに選んだ扉の向こうにヤギが隠れているのを見ている可能性が（圧倒的に）高い。そのうえで、ヤギが隠れている九九八枚の扉を開ける。これなら、この最後に残った扉に変更するしかないと思うのではないか。もちろんそうするだろうし、そうして正解だ。車が二三八番の後ろにあるのはほぼ確実で、だからこそモンティはわざとそこを避けたのだ。

もっと数学的に言えば、最初の選択で、扉は二つの集合に分かれる。集合１には、自分で選んだ扉だけが入り、この後ろに車がある確率は三分の一（あるいは拡大版では一〇〇〇分の一）。集合２には、残りのすべての扉が入り、当たりの扉がそのどこかにある確率は三分の二（あるいは一〇〇〇分の九九九）。集合２にある、ヤギがいることがわかっていて、車がある確率はゼロの一枚（あるいは九九八枚）を開くと、集合２には一枚だけ開いてない扉が残るが、その残った扉に車が隠れている確率はやはり三分の二（あるいは一〇〇〇分の九九九）となる。その集合のどこかに車がある確率は引き継いでいるからだ。はずれのヤギの扉を開けることは、集合2の中のある扉の後ろに車が隠れている確率を変えることはない。

③前もって知っていることの役割

きっともう納得されているだろうが、まだ疑念が残っているといけないので、念のため、前もって知っているかいないかという鍵になる違いが明瞭に浮かび上がると思われる例を、以下に挙げる。

ペットショップで子猫を二匹買いたいとしよう。近所のペットショップに電話してみると、店のオーナーが、ちょうど今日、子猫のきょうだいが二匹入ったところだと教えてくれる。一匹は黒猫で、もう一匹は縞だという。そこで、雄か雌か訊ねる。オーナーからの回答が次のような二通りあったとして、それぞれについて考えてみよう。

(a)「一匹しか確かめていませんが、それは雄でした」と言われ、それ以上の情報がないとき、両方が雄の確率はいくらか。

(b)「縞のほうを確かめたら、それは雄でした」と言われた場合、両方とも雄の確率はいくらか。

実は、この二通りの回答は内容が違っている。どちらも、猫のうち少なくとも一匹は雄だということはわかるが、どちらが雄かを教えているのは、(b) のほうだけだ。その追加の情報が確率を変える。どういうことかと言うと……まず、ありうる四つの可能性から始めよう。

初めに、(a)の「少なくとも一方は雄」の場合を考えてみたい。この情報から、最初の三つの選択肢、①どちらも雄、②黒が雄で縞は雌、③黒は雌で縞は雄、の三つのどれでもよいことがわかる。つまり、「どちらも雄」となる可能性は三分の一ということになる。

ところが、(b) の場合、縞が雄と特定して言われると、この追加の情報によって、②と④の選択肢が消え、①どちらも雄か、③黒は雌で縞は雄、いずれかの可能性しか残らない。今度は、両方とも雄となる確率は二分の一となる。

	黒猫	縞猫
①	雄♂	雄♂
②	雄♂	雌♀
③	雌♀	雄♂
④	雌♀	雌♀

表 1.1　子猫二匹の雄雌の組み合わせ

つまり、どちらの子猫も雄である確率は、二匹のうちどちらが雄かがわかったとたん、三分の一から二分の一に変わる。モンティ・ホール・パラドックスの状況も、これとまったく同じことではなかったのか。

しかしちょっと待った。こんな反論も出てくるだろう。子猫の話では、ペットショップのオーナーは、確率が計算できるように余分の情報をくれたが、モンティ・ホールはそんなことはしてなかったではないか。この反論が、説明の最終部分を導いてくれる。これでやっと、一九七五年の『アメリカン・スタティスティシャン』のセルヴィンの記事、一九九〇年の『パレード』のマリリン・ヴォス・サヴァントの解説、両誌の読者を混乱させた問題を解明することができる。もう一度だけ、モンティ・ホール・パラドックスに戻らなければならない。

モンティ・ホールは車がどこにあるか知らないという状況を考えてみよう。このときは、モンティ・ホールがBの扉を開けてヤギがいたら、車がAの扉の後ろにあるか、Cの扉の後ろにあるか、確率は確かに等しくなる。

どうしてそういうふうになるのか。では、扉は三枚だけで、同じゲームを一五〇回行なったと想像してみよう。各回ごとに、利害関係のない審判が車のある扉を無作為に変え、モンティ・ホールにも、車がどこにあるかわからなくする。そこで挑戦者が扉を選び、モンティ・ホールは残った二枚のうち一方をランダムに開ける。三回に一回は、車が出てくることになる。統計学的には、一五〇回の試行のうち五〇回ほどに相当する。もちろん、その五〇回はそれでゲームオーバー。挑戦者は車がもらえなくなって、そこで終了とならざるをえない。モンティ・ホールがBを開けてヤギが出てくる場合が一〇〇回残る。この場合には、車が最初に選んだ扉の奥にある可能性は二分の一になり、あえて変える理由はない。つまり、五〇回は自分が選んだ扉の後ろに車があり、残りの五〇回はCの後ろにある。

これとモンティ・ホールが開けた扉の向こうに車があった場合の五〇回を合わせると、三つの扉が五〇回ずつということで、三枚の扉のそれぞれの後ろにある可能性は同じということがわかる。

もちろん、モンティ・ホールが車のある場所を知っていれば、車が隠れている扉を開けて挑戦者のチャンスを五〇回も無駄にする必要はなかっただろう。そこでまとめよう。毎回、Aを選ぶとする。一五〇回のうち五〇回には、車はAの後ろにあって、選択を変更しないで車が当たる可能性は三分の一となる。残りの一〇〇回のうち、半分ではCの後ろにあるので、モンティ・ホールは扉Bを開け、残りの半分ではBの後ろにあるので、Cが開けられる。

この一〇〇回では、ヤギがいる扉を開き、見えない車は逆のほうにある。すると、一五〇回のうち一〇〇回では、選択を変更すれば車が当たることになる――全体のうち三分の二だ。

④実地にやってみる

マリリン・ヴォス・サヴァントは、この問題に関する最後の記事で、問題を検証するために学校で行なわれた一〇〇〇〇回以上の実験の結果を発表した。ほとんどの結果で、扉を変えるのが正しい選択だということになった。パラドックスを解くために、この「実地にやってみる」方式をとるというのは、私自身が何年か前、これを友人に説明するときに用いた方法でもある。私が制作にかかわっていたBBCテレビの科学番組の撮影でロケ地まで行ったのだが、その長い移動の車中で、カメラマンのアンディ・ジャクソンにこのパラドックスの話をした。白状しておかなければならないが、その頃は、ここで披露した論証や説明がまだ練れておらず、そのため、トランプを取り出して実際にやってみせようということになったにすぎない。一枚は赤、二枚は黒の三枚のカードを取り出し、シャッフルし、それを伏せて二人のあいだの座席に並べる。それから私は相手から見えないようにカードを覗いて、どこに赤があるかを確かめる。そうしてアンディに、伏せたまま、赤のカードを選ばせる。それから私は残りの二枚のうち、黒だとわかっているカードをめくり、アンディに変更するかしないか選択する機会を与える。二〇回ほど繰り返すと、変更していたら赤が選べる可能性が二倍ほどあることが、アンディの目にも明らかになった。どうしてそうなるのかはわからなかったが、少なくとも私の言うとおりだということは納得してくれた。

アンディがこの章を読んで、なぜそうなるのかを理解してくれればと願っている——今お読みのあなたもそうであることを。

軽いウォーミングアップはここまで——本来の目的である九つの物理学の問題が待っている。

第2章
アキレスと亀

いっさいの運動は錯覚である

この本で取り上げる九つのパラドックスの先陣を切るのは、二五〇〇年前にさかのぼるもので、人々がこれについて考える時間はたっぷりあったのだから、それはすでにすっかり理解され、説明がついていると言っても驚かれることはないだろう。それでも初めてこの話に出会えば、たいてい困惑して頭をかきむしることになる。これは「アキレスのパラドックス」(あるいはアキレスと亀のパラドックス)と呼ばれ、紀元前五世紀のギリシアの哲学者、ゼノンが立てた一連の問題の一部にすぎない。純粋に論理学の例題として考えれば、これ以上単純なものもありえないだろう。しかしそれに騙されてはいけない。この章では、ゼノンのパラドックスをいくつか検討し、仕上げには、量子論を使ってはじめて説明できる最新版のゼノンに更新する。ともあれ、読者のことを考えて手加減するなどとは決して言わない。

とはいえ、まずはいちばん有名なゼノンのパラドックスから始めよう。亀が俊足のアキレスと競走することになり、ハンデをもらい、アキレスがスタートする時刻になるまでに、コース上のある地点まで行く(A地点と呼ぼう)。アキレスは、亀が歩くのよりずっと速く走るので、あっというまにA地点に達する。ところが、アキレスがそこに達する時点には、亀もすでに、わずかな距離だが動いていて、A地点の先まで行っている。この地点をB地点と呼ぼう。アキレスがB地点に達するまでに、亀はC地点に達しており、以下同様に続く。つまり、アキレスは明らかに亀との差を縮めていて、その差も一段階進むごとに小さくなっているのだが、実際には決して亀を追い越すことはないように見える。どこが間違っているのだろう。

　論理の難問奇問を巧妙に解くことや、単純に深く考えること一般となると、古代ギリシア人には勝てない。実際、この時代の古代哲学者は実に鋭く、自分たちの論理をよく見きわめていて、二〇〇〇年以上も前に生きていたことを忘れてしまいそうになる。今日でも、天才の例を出したいと思うとき、いつも人気のアインシュタインと並んで、ソクラテス、プラトン、アリストテレスといったおなじみの名が、知性の世界のスターの中でも最高峰の代表として挙がることも多い。

　ゼノンは、今のイタリア南西部にあった古代ギリシア人の町、エレアで生まれた。その生涯や業績については、パルメニデスという、これまたエレアの哲学者の弟子だったこと以外はほとんどわかっていない。やはりエレアにいたメリッソスという名の人物も合わせた三人で、現代ではエレア派と呼ばれる学派をなした。その哲学は、人が世界を理解するためには、必ずしも自分の五感や感覚による経験を信用すべきではなく、最終的には論理と数学によるべきだとするものだった。全体として見れば、これはもっともな方針だが、すぐ後で見るように、それによってゼノンは間違った道をたどることになる。

　ゼノンの考え方についてわずかしかわかっていないことからすると、ゼノンは自身の考え方について明瞭な見通しはあまり持っておらず、他の人々の論証を崩すことに熱心だったように見えてしまう。それでも、あのアリストテレスという、ゼノンの一世紀後の時代を生きた人物は、ゼノンを「弁証法」と呼ばれる、一種の討論術の創始者と見ていた。これは、古代ギリシア人――とくにプラトンやアリストテレスといった人々――が得意としていた、文明的な議論の形態で、論理と理性を使って不一致を解決しようとする。

ゼノンが書いたもので今日まで残っているのは、短い断片が一つだけで、ゼノンについて知られていることは、とくにプラトンやアリストテレスなど、他の人が書き残したことが元になっている。ゼノンは四〇歳くらいのときアテネへ旅行し、そこで当時はまだ若かったソクラテスに会った。後にはギリシアで活発に政治活動をするようになり、最後には、エレアの統治者に対する陰謀に加担したとして投獄され、拷問の末に殺された。ゼノンのことを伝えるある話では、共謀者の名を明かすよりはと自分で舌を噛み切り、取り調べにあたった人々にそれを吐きかけたという。けれどもゼノンでいちばん有名なのは、アリストテレスが『自然学』という大著に記して伝えている一連のパラドックスだ。ゼノンのパラドックスは全部で四〇ほどあったと信じられているが、残っているのは一握りのものでしかない。

ゼノンのパラドックス――中でも、アキレス、二分割、スタジアム、矢という、アリストテレスがつけた名で知られている有名な四つ――はすべて、何物も決して変化しない、運動は錯覚である、時間は本当は存在しない、という思想を中心にしている。もちろん、ギリシア人が優れていたことが一つあるとしたら、それは哲学的に考えることで、「すべての運動は錯覚である」の類の大命題は、まさしくギリシア人が知られる元になっている、挑発的な抽象化に他ならない。今日では、そういうパラドックスを科学で崩すことができるが、このパラドックスは実におもしろいので、ここであらためて取り上げる値打ちは十分にある。ここではそれを順番に検討し、少し丁寧に科学的な分析を加えれば、どれも解決できることを明らかにする。まず、すでに概略を述べたものから始めよう。

アキレスと亀

これは私のお気に入りのゼノンのパラドックスだが、それは、一見すると文句なく論理が通っているように見えるが、意外なところで論理に逆らっているからだ。アキレスはギリシア神話に出てくる最強の戦士で、並外れた力と勇気と武術に恵まれていた。半神半人――テッサリアの王ペルセウスと海の精テティスのあいだに生まれた子――で、ホメロスがトロイ戦争の物語を語った『イリアス』では主役を務める。子どもの頃から鹿を捕えるほど足が速く、ライオンを倒せるほど力が強かったと言われる。つまり、この神話上の英雄とのろまな亀との競走というゼノンの舞台設定は、わかりやすい両極端を対比させていた。

このパラドックスは、もっと前からあった兎と亀の古い寓話に基づいている。やはり古代ギリシア人で、ゼノンより一世紀ほど前の、イソップによるとされる話だ。元の寓話では、亀は兎にばかにされたので、それなら競走しようと言い返す。兎は亀をばかにして、途中でちょっと休んでも大丈夫と思って昼寝をしてしまい、目が覚めたときはすでに遅く、追いつけなかった。そのおかげで、亀が勝ってしまうという話だ。

ゼノンの話では、俊足のアキレスが兎の役をする。兎とは違い、アキレスはちゃんと勝負に集中する。ただ、アキレスは亀にハンデを与え、これがアキレスの失敗だったらしい。どんなに長距離のレースでも、ギリシア時代なりの写真判定になるとはいえ、必ず亀が勝ってしまうという。ゼノンによれば、この英雄がどれほど速く走ろうと、また相手の亀がどんなにのろかろうと、アキレスは決して亀に追いつけない。もちろん、現実にはそんなことはありえないではないか。

これは、ギリシアの数学者にとっては重大な難問だった。当時は今で言う収束する無限級数という概念などなかったからだ。実は無限という概念からしてちゃんとしたものはなかった（これらの概念については、後で簡単に説明する）。アリストテレスは、この手の問題について考えることにかけては達人で、ゼノンのパラドックスを「誤謬《ごびゅう》（論理的な誤りを含む推理）」と見なした。問題は、アリストテレスも他の古代ギリシア人も、物理学のごく基本的な公式の一つ、速さ＝距離÷時間をきちんと理解していなかったことだった。今日であれば、もっとうまくやれる。

「決して亀に追いつかない」のところは、もちろん間違っている。一段階進むごとに、進む距離（A地点とB地点の距離、B地点とC地点の距離、以下同様）がどんどん短くなっているので、無限回の段階があると言っても、それは無限の長さの時間ということにはならない。実際には、各段階の時間をすべて足し合わせると有限の時間になる。それがアキレスが亀に追いつくのにかかる時間だ。無限個並ぶ数を足しても、結果は必ずしも無限大にはならないことを、人はたいていちゃんと認識しておらず、それでこのパラドックスに騙されることになる。奇妙に聞こえるかもしれないが、無限回のステップを有限の時間に完了することもありえて、亀は論理が説くとおり、簡単に追いつかれることになる。答えは数学者が等比級数と呼ぶものによっている。

次のような例を考えてみよう。

$$1+\frac{1}{2}+\frac{1}{4}+\frac{1}{8}+\frac{1}{16}+\frac{1}{32}\cdots$$

明らかに、どんどん小さくなる分数を永遠に足し続けることができ、その総和は２に近づいていく。これを、線を引いて半分に分け、それから右半分を半分にするというふうにして、続

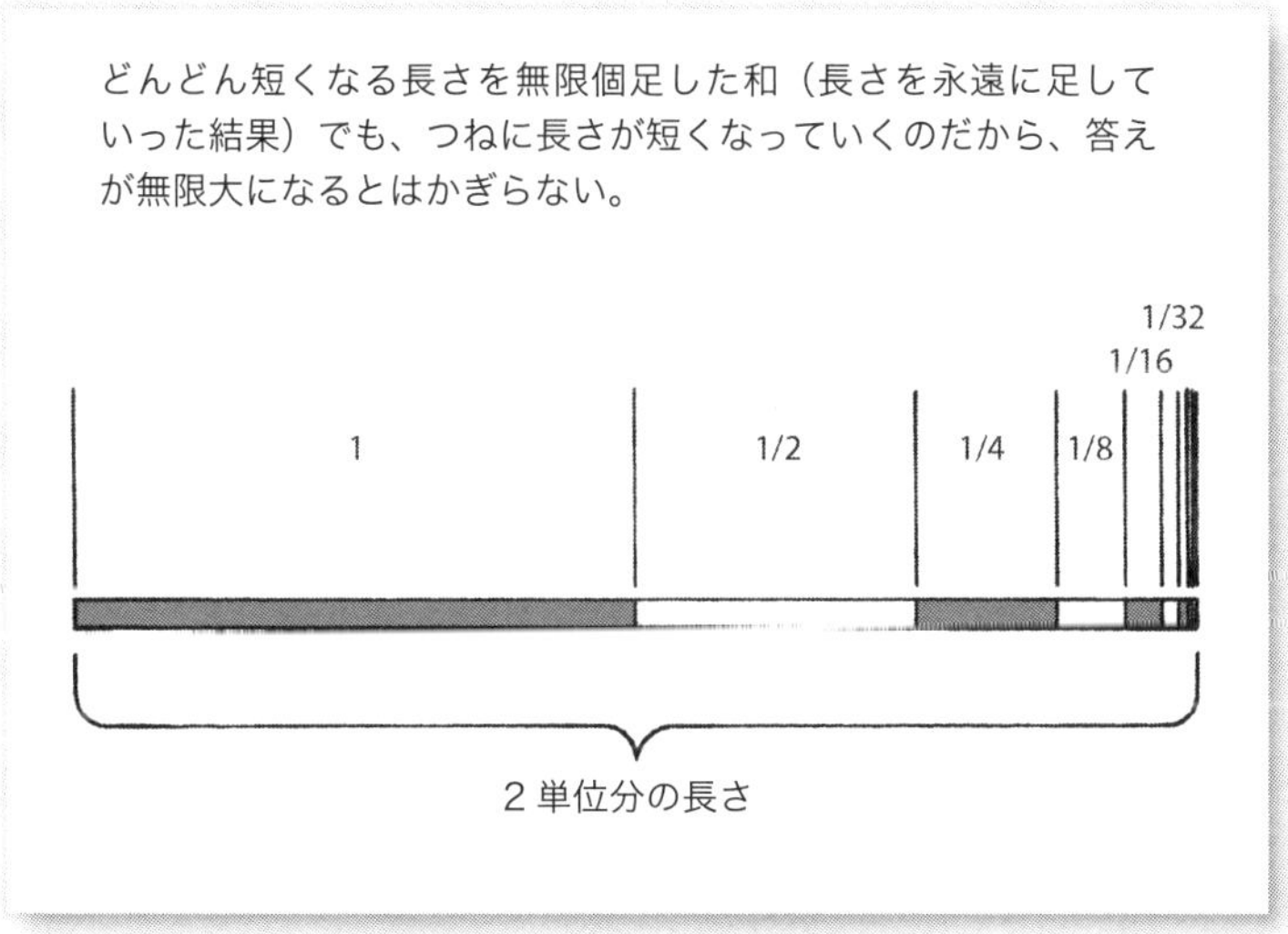
どんどん短くなる長さを無限個足した和（長さを永遠に足していった結果）でも、つねに長さが短くなっていくのだから、答えが無限大になるとはかぎらない。
1/32
1/16
1
1/2
1/4
1/8
２単位分の長さ

図 2.1　収束する無限級数

けてみよう。分数がごく小さくなって、紙の上では別々の点で区切れないほどになる。線の半分を一単位の長さとすると（一センチでも一インチでも一メートルでも一マイルでもかまわない）、先に記した列の場合のように、次々と分数を足し続けることによって、線の全長は二単位分に収束していく。

これをゼノンのパラドックスにあてはめる場合、アキレスと亀が各段階で達する地点ではなく、両者間の差が減り続けるところを考えるのがいい。どちらも一定の速さで走っているので、差も一定の率で減っていく。たとえば、アキレスは亀に一〇〇メートルのハンデを与え、一秒あたり一〇メートルの割合で差をつめ続けるとすると、ゼノンによれば、これはどういう結果になるだろう。五秒後には、差は半分になる。残りの距離は二・五秒後にさらに半分になり、残りの半分は一・二五秒後にさらに半分になる。望むなら、この減り続ける時間で進む、小さくなり続ける距離を足していくこともできるが、それでもやはり、アキレスが亀との差を一秒あたり一〇メートルずつつめるなら、一〇秒後、つまり最初の一〇〇メートル差をなくすのに必要な時間で追いつくことになる。そしてこの一〇秒とは、五秒＋二・五秒＋一・二五秒＋〇・六二五秒……を、次に足す数が小さくなって、もう切り上げていいと思うまで続けたときの数（九・九九九九……秒）にほかならない。一〇秒後、アキレスはもちろん、予想どおりに亀を追い抜く（途中でビールを一杯と言って止まることにしないかぎり……この論証でそんなことを言う必要があるなどとは、ゼノンは間違っても思わなかっただろう）。

二分割のパラドックス

次のゼノンのパラドックスは、運動そのものの実在性を否定するもので、アキレスのパラドックスと同じ主題を、形を変えて表したものだ。言葉にするのはたやすい。

目的地へ行こうとすれば、まず最初の半分の距離を進まなければならないが、その半分を進むには、まず、四分の一を進まなければならず、その四分の一を進むには、まず八分の一を進まなければならず、以下同様となる。距離を永遠に半分、半分と小さくできるなら、最初の距離標識までもたどり着くことはできず、実は、道のりを進み始めることさえできない。さらに、この距離を次々と短くする手順は決して終わらず、無限に続く。つまり、道のりをすべて進むには、無限回の作業を完了しなければならない。だから決してそれを終えることはできないことになる。旅を始めることもできず、終わらせることもできないとなれば、運動そのものがありえないということだ。

私たちがこのパラドックスのことを知るのはアリストテレスからだが、そのアリストテレスは、これがナンセンスであることを知っているものの、それを決定的に論駁《ろんぱく》できる論理的な論拠を探している。何と言っても、運動というものがあることは明白なのだ。ところがゼノンは、ある考え方を前提として進めていくと、論理的にその前提と矛盾する結論が導かれることになるという形の、「帰謬《きびゅう》法（背理法）」と呼ばれる論証を用いていた。ゼノンは数学者ではなかったこともおぼえておかなければならない。ゼノンはただの論理のみに依拠して論証していて、それがまさしく十分でない場合が多い。運動が錯覚であるとするこの論証を否定するために、もっと直接的で実際的な方式を用いたギリシア哲学者もいる。その一人がキュニコス派のディオゲネスだった。

今使われている「シニカル」という言葉の語源は、古代ギリシアの観念論的な哲学の流派にある。ギリシアのシニカルな人々〔＝キュニコス派〕は、現代においてこの名から思い浮かべられる含みよりも、ずっといい人たちだったらしい。富や権力や名声や、財産の所有さえ拒み、昔からの人間のすべての罪悪から免れた簡素な生活を送っていた。その信じるところは、すべての人間は平等で、世界は平等に万人のものということだった。そのキュニコス派でおそらくいちばん有名なのがディオゲネスで、紀元前四世紀のプラトンの時代に生きていた。この哲学者は、よく引用されるいくつかの名句を残したとされる。「赤らめた頬の色こそ美徳の色だ」〔恥を知っているということ〕、「犬と哲学者は最小限の報酬で最大限の立派なことをする」、「少ないもので大きく満足する人が多くのものを持っている」、「私は自分が無知であるという事実以外のことは何も知らない」などがある。

ディオゲネスはキュニコス派の教えを論理的に極端まで進めた。貧乏を厭わなかったらしく、アテネの市場にあった樽の中で何年か暮らしたという。何についても、とくに当時の哲学者の教えの多くに対して、ソクラテスやプラトンのような一流の人物に対してでも、確かにシニカルであることで有名になった。ゼノンやそのパラドックスについてどう考えていたかも、想像がつくかもしれない。運動は錯覚だと見るゼノンの二分割のパラドックスのことを聞くと、ただ立ち上がって歩きまわって見せ、ゼノンの導いた結論のばかばかしさを示したという。

その実践的なやり方に拍手されるかもしれないが、それでもゼノンの論理がどこで成り立たなくなるか、もう少し調べてみる必要もある。そしてそれはそう難しいことではなかった――何と言っても、もう二〇〇〇年以上も考える時間があったのだ。ともあれ、ゼノンのパラドックスを退けるには、ただ常識があれば十分だと思われるかもしれないが、私はそうは思わない。私はこれまでの人生のほとんどを、物理学者として仕事をし、もっと大事なことに、物理学者として考えてきたが、ただ常識、哲学、論理によって二分割を否定する論証には満足していない。私に必要なのは水ももらさぬ物理だ――私にとってはそのほうがずっと説得力のある仕事をしてくれる。

しなければならないのは、ゼノンの距離に関する論証を、時間に関する論証に移し替えることだ。これから進むべき道のりの出発点にいる瞬間には、すでに一定の速さで運動しているとしよう。ゼノンはあまりよく理解していなかったようだが、速さとは、ある有限の時間に進む距離のことを言う。進まなければならない距離が短いほど、そこを進むのにかかる時間は短くなるが、一定の速さであれば、進んだ距離をかかった時間で割れば、必ず同じ答えが出る。それが速さだ。道のりを進み始めたときに進まなければならない距離を次々と短くして考えることで、時間も次々と短くなる。

しかし、人為的に分割して幅をどんどん短くしたくても、時間は進み続ける。空間ではなく時間を静止した線と考え、どこまでも分割できると考えるのは卓抜なことだが（それに物理学の問題を解くときには、そう考えることも多いが）、私たちの時間の知覚は、空間を見るときと同じ意味で静止した線なのではないところが肝心だ。私たちは自分を時間の流れの外に置くことはできない。時間はおかまいなく進む――したがって私たちは動く。

すでに動いているのではなくて、静止状態から動き始める人の視点からこの状況を考えると、考えなければならない物理がもう一つだけある。誰でも学校で習う（そしてほとんどの人がきっとすぐに忘れてしまう）ことだ。それはニュートンの第二法則と呼ばれるもので、これは物体が動き始めるためにはそれに力をかける必要があることを言う。力をかけることによって物体に加速度が生じる――それで静止状態から運動状態へと状態が変わる。けれども、ひとたび動き出してしまえば、同じ論法が成り立つ。つまり、時間の経過とともに進む距離は、運動する物体の速さで決まる。速さは一定である必要はない。二分割の論法は、物理学的世界の本物の運動について言えることは何もない、抽象的な、的外れな話なのだ。

先へ進む前に、もう一言だけしておくべきだろう。アルバート・アインシュタインの相対性理論の教えによれば、もしかすると二分割パラドックスはそれほどきっぱりと退けるべきではないのかもしれない。アインシュタインによれば、時間は空間と同じように見ることができる――実際、アインシュタインは時間を、時空と呼ばれるものの第四の軸、あるいは第四の次元としている。そのことからすると、時間の流れはやはりただの錯覚だということになる――そしてもしそうであれば、運動もやはり錯覚かもしれない。けれども、相対性理論はうまくいっているとはいえ、時間や空間が錯覚だという結論は、私たちを物理学の世界から切り離し、その外にある形而上学の曖昧模糊とした世界に連れ去ることになる――経験科学という堅固な裏づけのない、抽象的な観念だ。

アインシュタインの相対性理論が間違っていると言おうとしているのではない。もちろん間違ってなどいない。アインシュタインの考えたことが実際に表だってくるのは、物体の動きが非常に速くなってからのことだ。あたりまえの日常の速さでは、そのような「相対論的」効果は無視して、時間と空間は、私たちが慣れ親しんでいるおなじみの常識的な形で考えてよい。要するに、ゼノンの論証を論理的な極端にまで推し進めると、時間と空間はどんどん小さくなるものの、それでも一つひとつ切り離せる間隔や距離に無限に分割できるかと言えば、それは間違いだということになる。あるところまで来ると、事物は量子物理が効いてくるほど小さくなり、時間と空間がぼやけてきてはっきりしなくなり、もはやそれをさらに小さく分けることが意味をなさなくなる。原子やそれより小さい粒子の領域では、確かに運動そのものが少々紛らわしい。けれどもゼノンはそういうことを考えていたわけではない。

そういう脈絡で調べて論じるのも楽しいが、ゼノンの二分割を片づけるには、量子物理学も相対性理論も必要はない。そのような現代物理学の考えかたを使って、すべての運動は錯覚だと論じるのは的外れな話で、物理学は危険なほど神秘主義に近づいてしまう。そこで、物事を必要以上に複雑にはしないようにしておこう。そのような変わったことについては、本書でも後でゆっくりつきあうことになるので、それを信じておいていただきたい。

スタジアムのパラドックス

そういうわけで、てきぱきと前に進もう。関連するゼノンのパラドックスで、やはり速さの概念をもてあそんでいるのは、移動する列のパラドックスと呼ばれる。これはいささかわかりにくく、それを伝えるアリストテレスは、「スタジアムのパラドックス」と呼んだ。このパラドックスをできるだけ簡潔に言い表してみよう。

三本の列車があって、それぞれ機関車が一両と客車二両で編成されているとする。第一の列車（A）は駅に停車している。第二、第三の列車（BとC）はこの駅には止まらず、同じ一定の速さで互いに逆向きに走り、Bは西から、Cは東からやって来る。

ある時刻に、列車は左の図(a)のような位置関係にある。それから一秒後、列車は図(b)のように両端がそろう。ゼノンによれば、問題は列車Bの動きに関係する。この列車は一秒で列車Aの客車一両分の長さを動いているが、同時に、列車Cの客車二両分の長さを通過している。

パラドックスは、列車Bがある距離とその二倍の距離を同時に動いたというところだ。ゼノンは、これが相対的な距離にすぎないことはわかっていたらしく、そのため、時間を使ってパラドックス

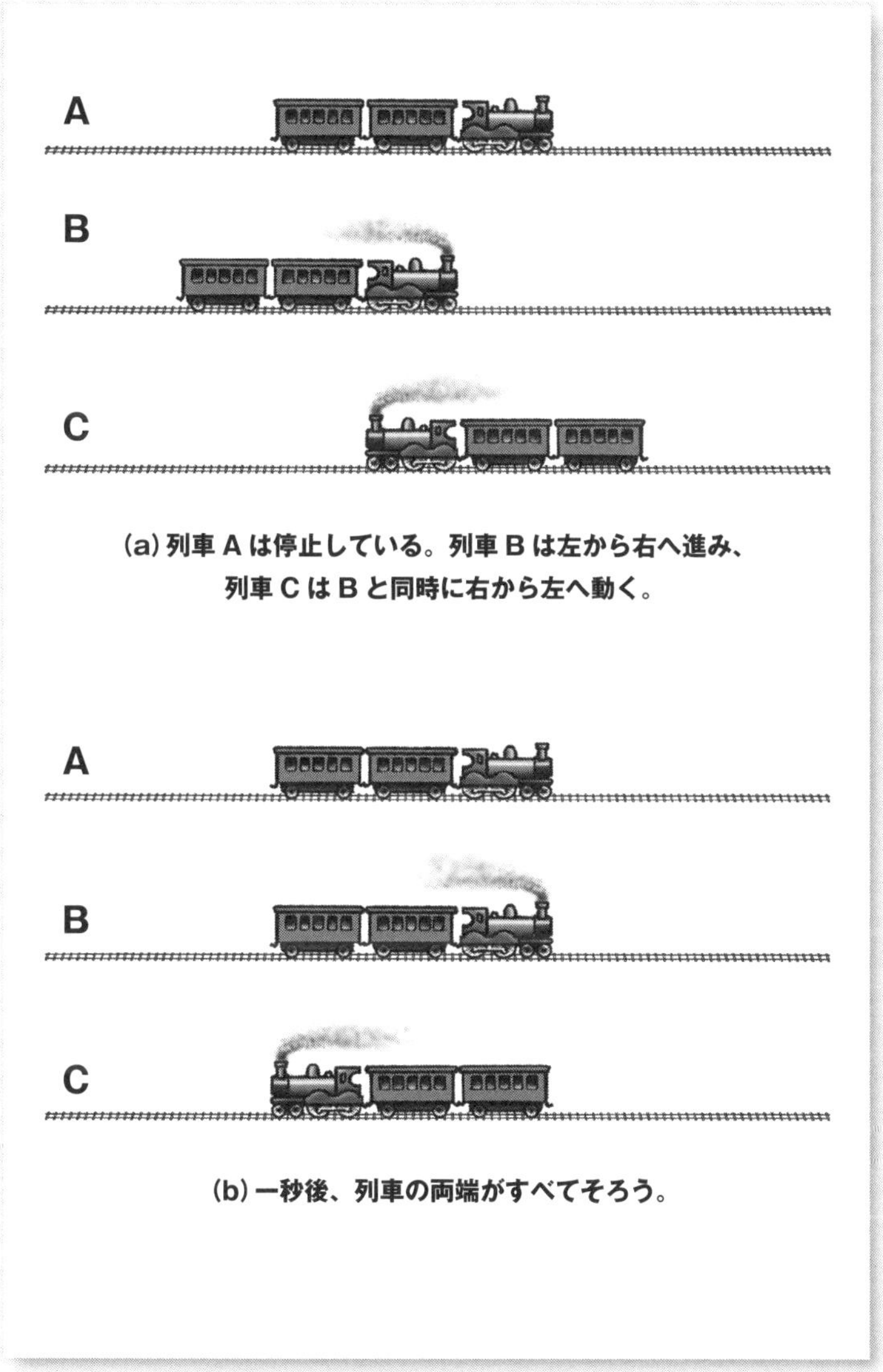

(a) 列車 A は停止している。列車 B は左から右へ進み、
列車 C は B と同時に右から左へ動く。

(b) 一秒後、列車の両端がすべてそろう。

図 2.2　移動する列のパラドックス

を立てようとしていた。二つの距離を列車Bの一定の速さで割ると、二つの異なる時間が出てきて、一方の長さは他方の二倍になる。けれどもおかしなことに、どちらの時間も、上の図の状態から下の図の端がそろった状態に達するのにかかる時間の長さを表しているらしい。

これは見かけはパラドックスだが、簡単に解決できる。推論がどこで間違っているかがすぐにわかるからだ。もちろん、相対速度というものがあって、列車Bが、動いているCと停車中のAに対して、同じ速さで動いているとは言えないのだ。ゼノンはこのことを承知のうえで、なおかつ、運動が錯覚であることについて、もっと微妙なことを言っていただけなのだろうか。それははっきりしない。しかし小学生でもちゃんとわかるはずで、実際にはここにパラドックスは何もない。BはCを通過するとき、相対速度が二倍になり、したがって、当然、Aの客車一両分を通過するのにかかるのと同じ時間で、Cの客車二両分を通過することになるということだ。

矢のパラドックス

このパラドックスも、二分割と同じく、運動といっても実は錯覚にすぎないという考え方を中心にしている。これをアリストテレスは次のように述べている。

あらゆるものは、それが等しい空間を占めていれば静止しており、運動しているものが、どの瞬間をとっても、いつもそのような空間を占めているなら、飛んでいる矢は、それゆえに動いていない。

はあ？　では、もっと明瞭に言ってみよう。

飛んでいる矢は、どの瞬間をとっても、一定の定まった位置をとっている――写真に撮れば見えるとおりだ。けれども、その瞬間に矢を見るだけなら、同じ位置にある本当に動いていない矢と区別はつかない。すると、矢が動いているとどうして言えるのか。確かに、時間は連続した瞬間の列で構成されていて、その一つひとつでは矢は静止しているとなれば、矢は決して動かない。

パラドックスは、もちろん、私たちは運動というものがあることを知っているところだ。当然、矢は動く。すると、ゼノンの言っていることのどこに論理の間違いがあるのだろう。

時間を、無限に短い、可能な限り最小の、分割できない時間の幅と考えられる「瞬間」の列でできたものと考えることはできる。物理学者として考えれば、ゼノンの論法の問題点が見える。この分割できない瞬間が、時間の幅がまったくのゼロではないとすると（写真の場合がそうだ）、矢はそれぞれの瞬間の始まりから終わりのあいだに少しだけ位置を変えていて、静止しているとは言えない。他方、そのような瞬間が本当に時間の幅がゼロなら、それを何個並べようと関係なく、いくら足してもゼロでない時間の幅を作ることはできない。好きなだけゼロをゼロに足しても、答えはやはりゼロだ。つまり、そうした瞬間がつながって有限の幅の時間ができているというゼノンの論法が、間違っている。

このパラドックスに最終的な決着がつくまでには、数学と物理学の進歩が必要になる。もっと具体的に言うと、最終的にゼノンの粗雑な考えを明瞭にしたのは、微積分という、アイザック・ニュートンらが一七世紀に開発した、変化の概念を適切に記述するために微小量を足す方法を述べた数学の分野だった。

けれどもどんでん返しがある。一九七七年、テキサス大学の二人の物理学者が、ゼノンの矢のパラドックスに片がついたとするのは時期尚早かもしれないとする、意外な研究論文を発表したのだ。二人の名は、バイディヤナイト・ミスラとジョージ・スダルシャンといい、論文の題は、「量子論におけるゼノンのパラドックス」だった。世界中の物理学者が関心を示した。この研究はくだらないと思う人々もいたが、その考え方を検証しにかかった人々もいた。けれども、この本が始まったばかりのこの段階では、量子力学の根本にある奇怪で不思議な考え方について、まだちゃんと伝えられるわけではない。その点、あらかじめお断りしておく。

ゼノンのパラドックスと量子力学

量子力学は、微視的《マイクロスコピック》な世界――顕微鏡《マイクロスコープ》でしか見えないほど小さい世界ということではなく、それよりはるかに小さい、原子や分子や、それらを構成するもっと小さい粒子（電子、陽子、中性子）

の世界――の動きを記述する理論だ。実は、量子力学は、科学全体の中でもいちばん強力で重要で根本をなす、数学的なアイデアが集まったものだ。この量子力学が特筆に値するのは、一見すると矛盾する二つの理由による（それ自体がほとんどパラドックスになっている！）。一方では、量子力学は世界の仕組みに関する私たちの理解の根本にあり、この半世紀に進んだ技術の大半において、その核心にある。他方、量子力学がそもそも何を意味しているのか、誰も知らないらしい。

初めに、量子力学の数学的な理論そのものが奇怪なわけでも論理に反しているわけでもないことをはっきりさせておかなければならない。それどころか、量子力学の数理は、自然を見事に記述する、美しくも正確で論理的な構造物だ。それがなければ、現代の化学、電子工学、材料科学の基礎を理解することはできないだろうし、半導体チップやレーザーは発明されていなかっただろう。テレビもなければコンピュータ、電子レンジ、ＣＤやＤＶＤ、携帯電話はないし、この科学技術時代に当然と思われている他の多くのものもなかっただろう。

量子力学は、たぐいまれな正確さで物質を構成する部品の挙動を予測し、説明する。原子より小さい世界がどのようにふるまい、無数の粒子が互いにどう作用しあうか、身のまわりに見えている、もちろん私たちもその一部をなしている世界を、粒子がどう結びついて形成するか、そうしたことについて、量子力学は、非常に正確でほとんど完全な理解に導いてくれている。何と言っても、私たち人間からして、量子力学の規則に従い、高度に複雑な形で組織された、何兆個ではきかない数の原子が集まったものにほかならない。

この奇妙な数学的法則が発見されたのは一九二〇年代のこと。その後この法則は、私たちが慣れ親しんでいる、もっとありふれた日常的世界、身のまわりに見えている対象の世界を支配する規則とは、大きく違っていることがわかった。本書の終わりのほうで、シュレーディンガーの猫のパラドックスを取り上げて、この法則の一部がいかに奇妙かを調べることにするが、当面は、量子世界のとくに奇妙な特徴の一つに注目したい。つまり、原子のふるまいが、放っておかれたときと、「観測」されたとき——つついたりたたいたり動かしたり、何らかの形で覗かれたとき——とでは違うということだ。そもそもこの意味での「観測」を構成するのはどういうことだろう。この点はやっと明らかになりつつあるところで、そのためということもあって、量子世界のこの特徴は、まだすべて理解されているわけではない。これは「測定問題」と呼ばれていて、今なお活発な科学研究がなされている領域となっている。

量子の世界は偶然と確率に支配されている。そこには現に見えているとおりのものはない。放射性原子は放っておいても何かの粒子を放出するが、それがいつになるかは予測できない。できることは、半減期と呼ばれる数値を計算することだけだ。これは同じ原子が多数あった場合、その半分が放射性「崩壊」するまでの時間のことを言う。原子の数が多いほど、この半減期について正確に言えるが、試料の中にあるどの原子が次に崩壊するか、前もって予測することはできない。これはコイントスの統計学とよく似ている。コインを何度も何度もはじけば、その半数の回では表が出て、あとの半分の回では裏が出ることはわかっている。はじく回数が増えるほど、この統計学的予測の精度は上がる。けれども、次にはじいたときに、それが表になるか裏になるかを予測することは決してできない。

量子の世界がそもそも確率的なのは、量子力学が理論として不完全だからとか、近似だからということではなく、むしろ原子そのものが、このランダムな出来事がいつ起きるか知ってはいないからだ。これは「非決定論」とか予測不能性とかの言葉で呼ばれることの一例をなす。

『数理物理学ジャーナル』に掲載されたミスラとスダルシャンの論文は、放射性原子が、細かく継続的に観測されると、決して崩壊しない！という、驚くべき状況を述べている。内容は、「やかんを見つめても湯は沸かない」（待っている時間は長いことのたとえ）という格言で申し分なく要約できる。この格言は、私にわかる範囲では、ヴィクトリア時代の小説家、エリザベス・ガスケルが、一八四八年の小説『メアリー・バートン』で最初に用いた言葉だ――おそらく、それよりもずっと前にまでさかのぼる、ことわざのようなものではあるが。この認識の由来は、もちろん、ゼノンの矢のパラドックスや、運動する物体を瞬間的に写真に撮ったものを考えたのでは、運動は検出できないことにある。

けれども、運動は現実に起きる。それはどういうことで、なぜそうなるのだろう。もちろん、先のことわざは、待つことについての単純な教え以上のものではない。見つめていてもやかんの湯が早く沸くわけではないのだ。ところが、ミスラとスダルシャンは、相手が原子となると、見つめることによって、その挙動に実際の影響を及ぼすのではないかと唱えているらしい。さらに、この干渉は避けられない——見るという行為は、見ているものの状態を変えざるをえないことになる。

二人の考えは、量子力学が微視的世界をどう記述するかについて、まさしく核心に迫っている。放っておけば、ありとあらゆる奇怪なことが恒常的に起きるように思える、ぼやけた幽霊のような実在として記述するのだが（この考え方は第9章で再び取り上げる）、そのいずれも、実際に起きているところを捕らえることはできない。つまり、放っておかれれば勝手にいつでも粒子を放出する原子が、監視されていると、どういうわけか恥ずかしがっていつまでもそれができないので、実際に原子がそうしているところは捕らえられないということだ。まるで原子が何らかの自意識を与えられているようだが、そんなふうに考えたりするのはおかしい。けれどもそういうことなら、量子の世界はおかしいのだ。量子論の創始者の一人、デンマークの物理学者ニールス・ボーアは、一九二〇年、コペンハーゲンに研究所を設立し、そこに当時最高峰の天才たち——ヴェルナー・ハイゼンベルク、ヴォルフガング・パウリ、エルヴィン・シュレーディンガーといった人々——を集めて、自然でいちばん小さい成分の秘密を解明しようとした。そのボーアには有名な台詞がある。

「量子力学の結論に驚かないとしたら、まだわかっていないということだ」

ミスラとスダルシャンの論文が、「量子論におけるゼノンのパラドックス」と題されたのは、それが矢のパラドックスに由来することによる。とはいえ、その結論にはいささかの異論が残るものの、ほとんどの量子論物理学者にとっては、二人の説がもはやパラドックスではないと言ってもいいだろう。今日の文献では、もっとふつうに「量子ゼノン効果」と呼ばれ、ミスラとスダルシャンが記述した状況よりもずっと広い範囲に当てはまることがわかっている。量子物理学者は喜んで、この効果は「波動関数が、当初の崩壊していない状態に、絶えず収縮すること」で説明できると教えてくれるだろう。これはこうした人々に当然予想される、わかりにくい業界用語のようなものだ――私もその業界人の一人としてわきまえるべきことだろう。けれども、読者がどこへ連れて行かれるかわからなくて心配にならないように言っておくと、ここでは、この方向の考えをこれ以上たどることはしない。

量子ゼノン効果がけっこうありふれたものだという最近の発見は、量子物理学者のあいだに、原子がその周囲に反応する様子について、よりよい理解をもたらしている。コロラド州にある世界でも一流の研究機関「国立標準技術研究所」の科学者が、有名な一九九〇年の実験で量子ゼノン効果を確認して、大きな飛躍がもたらされた。この実験は、「時間・周波数部」という見事な名称の部門で行なわれた。最も正確な時間の測定についての標準を定めることで知られているところだ。実は、そこの科学者は最近、世界でいちばん正確な原子時計を作った。三五億年――地球の年齢にも匹敵する――で一秒以内の誤差という正確さだ。

このものすごく高精度の時計の研究に従事している物理学者の一人にウェイン・イタノがいる。量子ゼノン効果が本当に検出できたのかどうかを確かめる実験を考案したのは、このイタノのグループだった。それは原子を何千個か磁場に閉じ込め、それをレーザーで精密に動かし、その秘密を明かさせるというものだった。もちろん、この研究者グループは、量子ゼノン効果の明瞭な証拠を見つけた。ずっと監視していると、原子は科学者が予想していたのとはまったく違うふるまい方をしたのだ。

最後のひとひねり。逆の効果、「反ゼノン効果」と呼ばれるものがあって、これはやかんを見つめると早く湯が沸くことに相当する。やはりまだどこか思弁的だが、そのような研究が、二一世紀科学でも根本的でたぶん重要な分野の一部で中心にある。たとえば量子コンピュータと呼ばれるものを作ろうとする取り組みがある。これは、量子世界の奇妙なふるまいのいくつかを直接に利用して、これまでよりもはるかに効率的に計算を行なう装置だ。

エレアのゼノンが、二五〇〇年もたってから、自分の立てたパラドックスがこのように復活したり、自分の名が注目すべき現象につけられたりすることをどう思うか、私にははっきりわからない。ここでは、パラドックスは論理の仕掛けとはまったく関係なく、すべては、原子のようなごく小さな規模で自然が見せるらしい、もっと奇妙な仕掛けに関係している――その仕掛けを、私たちはやっと理解し始めたばかりだ。

ゼノンのパラドックスによって、私たちは、物理学の誕生から、二一世紀の最先端にある考え方まで進んだ。本書の他のパラドックスはすべて、その途中のどこかにある。それを解決するとき、私たちはこの宇宙のいちばん先にあるところまで行ったり、ほかならぬ時間と空間の本質を探ったりしなければならなくなる。振り落とされないように気をつけて。

第3章
オルバースのパラドックス

夜はなぜ暗くなるのか

何年か前、家族や何人かの友人とフランスで休暇を過ごしたことがある。滞在したのは中央高地リムザン地方の農家。フランスでもいちばん人口の少ない一帯だ。ある夜遅く、子どもは眠っていたが、大人は戸外に出て腰をおろし、食事で残った地元の赤ワインを楽しみながら、晴れて星がきらめく夜空を見上げ、フランスは人が少なくて、光害があまりない田舎がまだ残っているほど広いだとか、ロンドンあたりの人口が密集した地域に暮らしていると、頭上にこれほどたくさんの星が見えるのには馴染めないなどと言っていた。いちばん見事だったのは、空にしみのようににじむ、かすかな光が広がってできた大きな帯で、それが薄雲のように見えていた。

けれども雲なら、その向こうにある遠くの星は見えないだろう。ところが、この薄雲のような帯には、空の他のところと同じように、たくさんの星がくっきりと見えた。遠い星の背後にあるものとしか考えようがないように見えた。私は、随行科学担当者として、見えているのが天の川銀河の中央にある円盤を真横から見たもので、光の帯は、一つひとつ別に見えている星よりもはるかに遠くにあるのだということを、熱心に解説した。驚いたことに、そんなものは見たことがなかったと告白する友人も何人かいて、その光の帯は私たちがいる銀河系の本体を構成する何億もの星でできているのだが、遠すぎて暗いので個々の光の点は見えないのだ、という私の説明を聞いて、感心していた。

もちろん、夜空に見える光の点がすべて、同じ恒星というわけではない。いちばん明るいのは（月は勘定に入れないとして）、太陽系の中でご近所にある、金星や木星や火星といった惑星だ。惑星が輝くのは、夜は地球の裏側の方向にあって見えない太陽からの光を受けて、それを反射しているからだ。太陽系の外にある星は、どんなに近い星でも何光年か離れている。念のために言うと、光年というのは紛らわしい言葉だが、距離の単位であって、時間の単位ではない。光が一年かかって進む距離で、一〇兆キロ弱に相当する。もう少しわかりやすいと思われる尺度に換算すると、太陽・地球間の距離一億五〇〇〇万キロは、〇・〇〇〇〇一六光年に相当する。ただそれよりも、地球と太陽の距離は八・三光分《ふん》だと言うほうがわかりやすいだろう。太陽からの光が地球までの距離を進むのにかかる時間が、その八分ちょっとだからだ。

太陽の次に私たちに近い恒星は、ケンタウルス座のプロキシマ星で、四光年ちょっとのところにある。それでもこれは夜空でいちばん明るい星ではない。その称号は、さらに二倍ほどの距離にあるシリウスに与えられる。シリウスよりつねに明るいのは、月、木星、金星だけで、シリウスは、北極圏よりさらに北に何百キロも行ったところでもないかぎり、地球上のどこからでも見える。また、ベテルギウスとプロキオンとともに、北半球から見える冬の大三角形の頂点ともなる。この三角形を見つけるには、オリオン座の腰のベルトに相当する三つ星を見つけて、その線を下方に延ばしていけば、まず見逃すことはない。

他にも、遠くても質量の大きいリゲルという明るい星もある。これは太陽の七八倍もある青色超巨星で、明るさは八万五〇〇〇倍あり、銀河系の中の太陽系があるあたりではいちばん明るい。それが夜空でシリウスなどの星ほど明るく輝いて見えないのは、遠くにあるからだ（地球から七〇〇光年から九〇〇光年）。赤色超巨星ベテルギウスは、距離はだいたいリゲルと同じで、それよりも大きく、明るさはわずかに劣る。この巨大な星は、太陽の一万三〇〇〇倍の明るさがあり、直径は一〇〇〇倍ほどある――その大きさは、もし太陽系の中心にあったとしたら、水星、金星、地球、火星、木星の公転軌道まで呑み込んでしまうほどだ。

天文学者が望遠鏡を使いはじめ、それまで肉眼で見えていたよりも遠くの空が見えるようになると、星は宇宙に均等に分布しているのではなく、いくつかの銀河に集まっていることがわかってきた。銀河それぞれが膨大な星の集まった都市のようなもので、この銀河どうしは、想像を絶するほど広大で空っぽの空間で隔てられている。私たちが空に見ている星は（シリウス、リゲル、ベテルギウスも含め）、私たちがいる銀河、天の川銀河の一部だ。実はそうした星は、天の川銀河でも私たちがいるあたりの、ごく小さな一角にある。

申し分のない条件下（地球上の適切な場所、一年のうちの適切な時期）では、肉眼で識別できる星は数千といったところで、ごくふつうの小型望遠鏡を使うと、その数は何十万のレベルになる。ところが、その数でさえ、天の川銀河にある星のほんの一部でしかない（一パーセントもない）。天の川銀河には、二〇〇〇億から四〇〇〇億の恒星がある――現在の地球に暮らす人々に、一人あたりだいたい五〇個ずつ配れるほどの数に相当する。

　天の川銀河の円盤が、かすかな光の連続したまだら模様が空を横切っているように見えるのは、そういう理由による。銀河の中心は地球から二万五〇〇〇光年ほど離れたところにあり、銀河全体の直径は一〇万光年ほどある。これほどの距離があると、一つひとつの星の光では弱すぎて、明瞭に区別される光の点には分かれず、一〇〇〇億を超える星からの光が合わさったものが見えている。

　恒星は銀河全体に均等に広がっているのではない。たいていの恒星は、単独の恒星である太陽とは違い、二つ一組あるいはいくつかが集まって、共通重心のまわりを回っている。若い星のなかには、何百個かがゆるい散開した集団にまとまっているものがあり、また一方では、球状星団という、何万もの星が集まった大きな集団で見られるものもある。

　他の銀河にある星を一つひとつ識別することは、もちろんできない。当の銀河さえ、たいていは高性能の望遠鏡の助けなしにはまったく見えない。いちばん近い隣の銀河、アンドロメダ銀河やマゼラン雲でも、肉眼ではかろうじて見える程度で、かすかな光が広がった斑点にしか見えない。

　アンドロメダ銀河は私たちのいる銀河よりも少し大きく、二〇〇万光年離れたところにある。天の川銀河を地球の大きさに縮めたとしたら、アンドロメダ銀河は月あたりの距離にくる。アンドロメダ銀河には、一兆近くの星がある。自分で初めて望遠鏡でこの銀河を見たときの感動は今もおぼえている。それはかすかなぼんやりした渦巻きに見えた。そのとき頭をよぎったのは、そこで見ていたアンドロメダ銀河が、現に今あるものではなく、二〇〇万年前にあった姿だということだった。

地球に人類が登場するよりもずっと前にあちらを出た光が、やっと今、長い旅路の果てに私の目に届いていたのだ。まさしくその瞬間にそこにいたということが、奇怪にも特別なことのように思えた。そのとき捕らえられた光子が、私の網膜と接触して電気信号となり、それが私の脳の中にある神経細胞へと送られ、私は見ていたものについて意識するに至った……

物理学者は往々にしてそういう変わった考え方をする。

星が銀河の中で集団をなすだけでなく、銀河もまた集まって群れをなす。私たちのいる銀河は、局所銀河群と呼ばれるグループに属する四〇ほどの銀河の一つで、そこには大マゼラン星雲、小マゼラン星雲、アンドロメダ銀河が含まれている。天文学の測定は、高性能の望遠鏡ができた今、精密さや精度が上がり、宇宙の奥底を探るようになっていて、こうした銀河の集団もまた、超銀河団と呼ばれるものにまとまっていることがわかっている。私たちが属する局所銀河群も、おとめ座超銀河団と呼ばれる銀河団の一部だ。この宇宙の中身はどこまで広がっているのだろう。実は無限大なのだろうか。それはまだわかっていない。けれども、この問題は何世紀も前から天文学者の頭にとりついていて、本書で取り上げる次のパラドックスをもたらす。

夜空を見渡していると、こんな途方もない疑問がわくことがある。

「夜はなぜ暗くなるのか」

そんなことは問うまでもない、ささいな疑問に思われるかもしれない。何と言っても、太陽が地平線の下に「沈む」と夜になることは、子どもでも知っている。太陽ほど明るいものは夜空のどこにもないのだから、月が反射する弱い光や遠くの惑星や恒星からのもっと弱い光でやりくりするしかないことも。

ところがこの問いは、最初に思ったよりもずっと重大だということがわかってきた。実際、正解を見つけるまで何百年か、天文学者はこの問題で頭を悩ませたのだ。これは、今日では「オルバースのパラドックス」と呼ばれる。

問題はこういうことだ。宇宙が無限の大きさでないとしても（無限である可能性は大だが）、実質上どこまでも広がるほど巨大だと信じるのは、妥当なことだ。すると、宇宙のどの方向を覗き込んでも星が見えるはずで、日中、太陽で通常そうなっている明るさよりも、さらに明るくなるはずだ。というより、昼だろうと夜だろうと無関係に、いつでも明るいはずだ。

別の見方をしてみよう。とても大きな森の奥に立っているとしよう――あらゆる方向に、無限に広がっていると考えてもいいくらい大きいとする。そこで、どの方向にでも、真横に矢を放ってみる。理想的な状況を考えて、矢は途中で地面に落ちず、樹の幹に当たるまで、まっすぐ飛ぶことができるとする。近くの木には当たらなくても、そのうちどこかの木には当たるにちがいない。森は無限なので、矢が飛ぶ道筋には、どんなに遠くではあっても、必ず木がある。

今度は、宇宙がどこまでも広がり、無限の数の星が、そこに均等に散らばっているとしてみよう。

この星々からは、矢の例と似ているが、それとは逆向きに、光がこちらに届く。空のどの方向を見ようと、視線の先には必ず星が見えるはずだ。星が見えない隙間などないはずで、空全体が、いつでも太陽の表面なみに明るくなるはずなのだ。

このジレンマを初めて考えるとき、二つのことが言えるかもしれない。どちらもこのパラドックスの導入部に出てきたことだ。まず、遠くの星は光が弱くて見えないだけではないのか。もう一つは、星は空に均等に分布していないのではないか。星は星団にまとまり、星団も銀河にまとまっているではないか。けれども結局、このどちらの論点も効いてはこない。最初の点。遠くの星は近い星よりも暗く見えるのは確かだが、それに対応する空の一角は、遠くにあるぶん、体積もずっと大きいので、そこにある星の数も多い。本章でも少し後で解説する比較的に単純な幾何学から、この二つの作用はちょうど相殺される。空のどの区画をとっても、近くて数が少ない星の光の総量は、数の多い遠くの星の光の総量と同じになる。第二の点。星が均一に散らばっておらず、落ち葉を掃き寄せて積んだように、銀河に集まっているのは確かだ。私たちのいる銀河の外では、望遠鏡ごしに見える光の点は、一個の銀河全体に相当する。すると、個々の星ではなく銀河を考えているだけで、論証は同じことになる。きっと夜空は平均的な銀河なみの明るさで見えるはずだ――恒星の表面なみではなくても、やはりまぶしいほどになるのではないか。

実際にはそうではない。そしてこれから見るように、その理由は、私たちがこれまで見つけてきた宇宙の真実の中でもとりわけて根本的なことだった。ただ、このパラドックスを納得のいく形で解決するためには、まず、このパラドックスが歴史の中でどう進展したかを見なければならない。

無限個の星

天文学者がずっと以前からこのパラドックスを知っていたとなると、このパラドックスが、ハインリヒ・ヴィルヘルム・オルバースという、一九世紀ドイツ、ブレーメンの医師でアマチュア天文学者のものとされ、その名がついたのが一九五〇年代になってからのことだったというのは、少々意外なことだ。実はそのときまで、これに関心を抱いていた天文学者は少なかった。

一九五二年、イギリス系オーストリア人のヘルマン・ボンディが、広く影響を残した教科書を書き、そこで「オルバースのパラドックス」という言葉を初めて用いた。けれども後で見るように、この人のものとするのは間違っていた。オルバースが初めてこの問いを立てたのでもなく、その解決に対してとくに独創的で目を開かせるような貢献をしたわけでもない。その一世紀前には、エドモンド・ハレーがすでにこのことを述べていて、さらに一世紀前の一六一〇年には、ヨハネス・ケプラーがこの問題を立てている。

そのケプラーさえ、それを伝える最初の人物ではなかった。最初に伝えた人となると、一五七六年、その三〇年ほど前に書かれたコペルニクスの大著『天球の回転について』の、最初の英訳にまでさかのぼらなければならない。

天文学史のどんな話も、指導的な役割を果たした何人かの中心人物とともに始まる。最初の一人は二世紀のギリシア人プトレマイオスで、史上最大級の重要な科学の教科書『アルマゲスト』を書き、間違って太陽が地球のまわりを回っていると信じ、地球を中心に置いた宇宙モデルを考え、これが一〇〇〇年以上にわたり、世界中の天文学者のあいだで重きをなしていた。次が一六世紀ポーランドの天才、コペルニクスで、プトレマイオスの「地球中心説」〔天動説〕をひっくり返し、太陽と地球の役割を入れ替えたことで、近代天文学の父と見られている。そして忘れてはならないのが、一六〇九年、初めて望遠鏡を空に向けた天文学者、ガリレオで、そうすることによって、プトレマイオスの地球中心説の間違いを明らかにし、コペルニクスの「太陽中心説」〔地動説〕モデルを支持した。地球が他の惑星とともに太陽を回るとする考え方だ。

けれどもコペルニクスがすべて正しいわけではなかった。地球を宇宙の中心という特別の位置から外した点では正解だったものの、単純に太陽と置き換えただけで、太陽系が宇宙の中心にあると思っていた点では間違っていた。ヨーロッパの科学革命の元になった文書の一つと見なされる『天球の回転について』には、太陽系の図像が掲げられている。そこでは、地球が太陽から数えて水星と金星の次の三番めにあり、地球を回る天体は月だけであることが正しく示されている。その地球の外に火星、木星、土星がある。ここまでは正しい（土星より外側の惑星はまだ発見されていなかった）——ところがそこでコペルニクスは非常に興味深いことをしている。恒星をすべて、太陽を中心にした固定された外側の軌道に置いたのだ。つまり、コペルニクスは太陽を、単に惑星系の中心ではなく、本当に宇宙全体の中心に置いたのだ。

私たちはもちろん、今、太陽がそんな特別の位置にあるわけではないことを知っている。太陽が実は、宇宙のとくに目立つところではなく、ごくふつうの銀河の外側にある腕の一つにあることもわかっている。何世紀にもわたって正確さと範囲をどんどん増すことにより、現代宇宙論をもたらしてきた天文データのおかげで、宇宙には中心がなく、あらゆる方向に永遠に広がるのかもしれないこともわかっている。けれども、望遠鏡が発明される前に活動していたコペルニクスは、もちろん、そんなことは知りようがなかっただろう。

次の大きな飛躍を遂げるには、比較的後進だったイギリスの、オックスフォードに近い市場町、ウォリングフォードにいた、どちらかと言うと無名の天文学者を待つことになる。その人物の名はトーマス・ディッグスといい、コペルニクスが亡くなってから数年後の一五四六年に生まれた。父のレナード・ディッグスも科学者だった――水平角と鉛直角を正確に測定するために用いられる(今日でも測量技師が使っている)、経緯儀《セオドライト》という装置を発明したとされる。一五七六年、トーマスは父の大人気だった暦『不朽の予兆』の新版を出版し、そこに、付録の形でいくつかの新しい内容を書き加えた。中でもとくに重要だったのが、コペルニクスの大著の初の英訳だった。それが、コペルニクスの新理論をまだ考慮に入れていない天文学の本に添付されていたんだと考えると、ちょっといい話だ。けれども、トーマス・ディッグスは、重要とはいえ、当時はまだ異論のあった宇宙の見方をただ世に出し、広める以上のことをした。私からすれば、コペルニクスによる天文学の前進と同じくらい重要な進歩を促したのだが、知名度ははるかに低い。

ディッグスは、コペルニクスによる、外側の恒星の層が太陽を中心とする球状の殻に固定されている有名な太陽系の絵に手を加え、その星を窮屈な軌道から解放して、その外にある無限の果てしない空虚に撒き散らし、それによって、無限個の星がある無限の宇宙というとらえ方を本格的に取り入れた最初の天文学者となった。ギリシア時代の哲学者デモクリトスもそういう考え方をうかがわせてはいたが、ディッグスの場合は、単なるあてずっぽうではなかった。

この新しい宇宙像が受け入れられるきっかけになったのは、一五七二年に起きたある事件だった。その年、世界中の多くの天文学者と同じように、ディッグスも、空に現れたある明るい新星に目が釘付けになった。今日であれば、この珍しい出来事は超新星と見なされる——星が核燃料を使い果たして一生を終えるときに、自らの重みでつぶれることで爆発するのだ。この出来事は、星を突き抜ける衝撃波を送り出し、最後の大変動によるエネルギーの放出で、星の外側の層を宇宙空間へと吹き飛ばす。実際、この最後の噴出で放出されるエネルギーはとてつもなく、つかのまとはいえ、銀河全体よりも明るくなるほどだ。しかし一六世紀の当時、そのような天体物理学的な詳細はまだわかっていなかった。実は当時、月よりも向こうの宇宙の構造は定まっていて変化しないと考えられていた。空で何かの物体がしばらく明るく輝いて、その後また暗くなるとすれば、その物体は地球にごく近いところにあり、きっと月の軌道よりも内側にあると考えざるをえなかった。

ディッグスは、一五七二年の超新星がずっと遠くになければならないことを計算した何人かの（あ

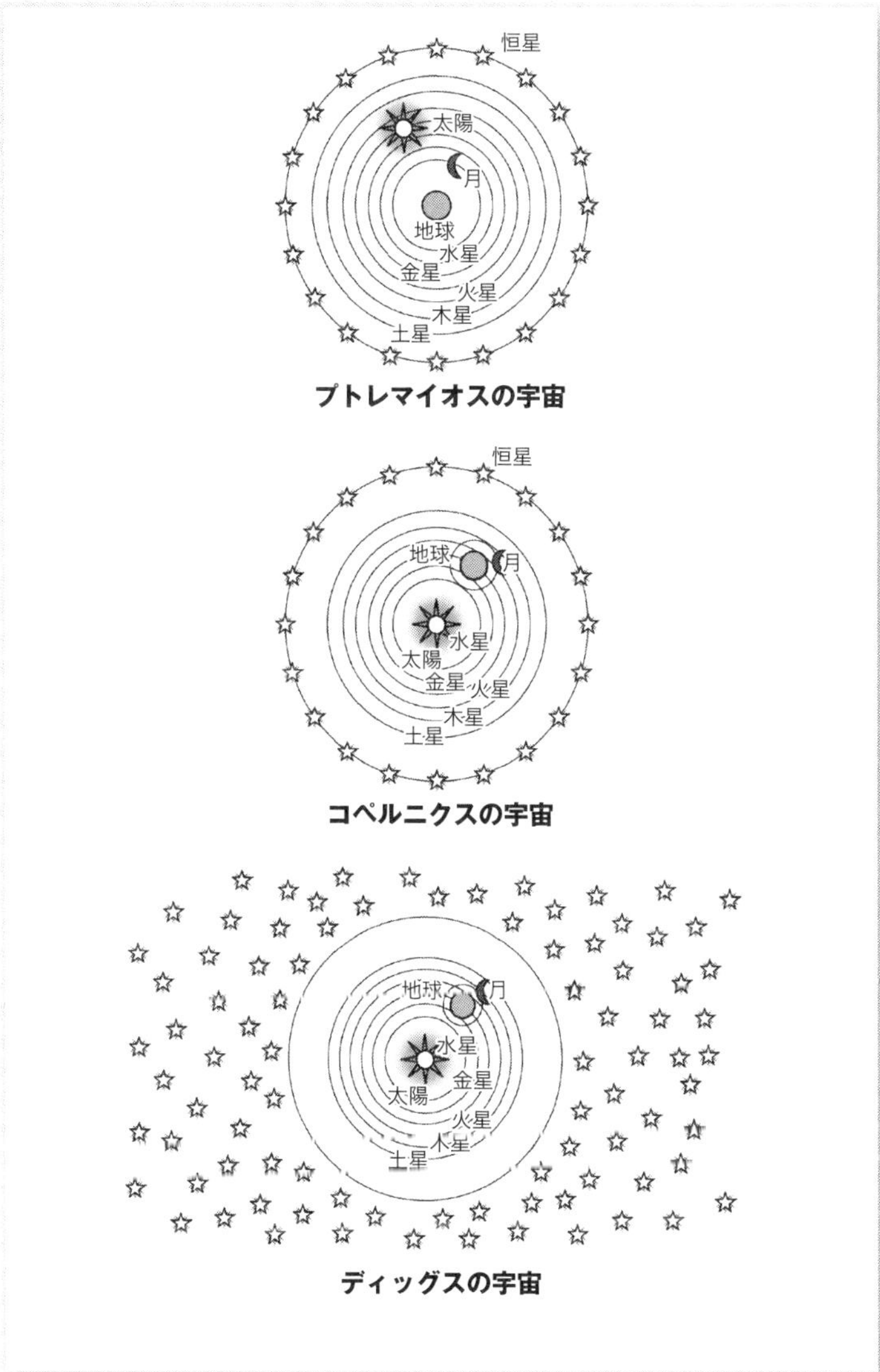

図 3.1　三つの宇宙モデル

のティコ・ブラーエなどもいる）天文学者の一人だった。月や惑星は、日ごとに他の恒星に対して位置を変える「視差」と呼ばれるものが見られるが、新星についてはそれが見られないので、これは月や惑星よりもずっと遠くにあると推理せざるをえない。これはきわめて困惑する事態だった。どこからともなく突然天体が出てきたことになる。これは「新星」と呼ばれ、その出現によってディッグスは、恒星がすべて私たちから同じ距離のところにあるわけではないと考えた――もしかすると（今日では当然と思われているが）明るい星ほど近いところにあり、暗い星ほど遠いのかもしれない。こうした考え方は、当時は実に革命的だった。

無限の宇宙に無限個の星があるという説を考えていると、どうしてもあの重大な問いが出てくる。夜空はどうして暗いのか。しかしディッグスにとって、パラドックスはなかった。遠い星は単純に暗すぎて明るさには何の貢献もしないと想定したのだ。

ディッグスは、夜空の暗さについての自分の推論にある誤りを明らかにしたと思われる、重要な計算を見逃していた。けれどもそれが登場するのは後になってからのことだった。一六一〇年、ヨハネス・ケプラーがこの問題を再び取り上げ、夜空が暗い理由は、単純に宇宙の大きさが有限だからだと論じた。星と星のあいだの暗闇は、宇宙を取り囲む外側の真暗な壁だというのだ。ケプラーから一世紀の後、やはりイギリスの天文学者エドモンド・ハレーが、またまたこの問題を取り上げ、ディッグスの宇宙は無限だが、遠くの星は暗すぎて見えないという答えを支持した。

その数年後、これは問題を解決する助けにはならないことを明らかにしたのは、ジャン＝フィリップ・ド・シェゾーという名のスイスの天文学者だった。シェゾーは、きちんとした幾何学を使い、すべての恒星が、無限に広がる玉ねぎの皮のような同心球状の殻にグループ分けすることを想像すると――そして、平均すると恒星が宇宙全体ですべて同じ明るさ※と仮定すると（実際にはそうではないが、この証明の目的にとっては立てても受け入れられる仮定）――いちばん内側の殻にある星がいちばん明るく輝くが、外側の殻ほど、面積も広がってそこにある星の数も増えて、全体的には、内側のどの殻とも明るさが同じになることを証明した（※注：もちろん、一定の距離のところでは、天の川銀河の外に広がっていることになるし、星ではなく銀河で考えなければならなくなる）。

言い換えると、遠くて暗い星は数が多くなり、数の少ない近くて明るい星と総量で同じだけの光をもたらすということだ。どうやら最初の、宇宙は無限ではありえず、無限だとしたら暗くはならないというケプラーの論証に戻ってきたらしい。

そこでハインリヒ・オルバースが登場し、一八二三年に発表した論文で、夜空が暗いという問題をあらためて立てた。出された答えはシェゾーのものとは違っていた。オルバースはシェゾーのおかげで、遠くの星の暗さは問題を解く助けにはならないことを知っていた。逆に、宇宙は星間の塵やガスで満たされていて、それがその向こうにある星からの（あるいは、今ではわかっているとおり、銀河の）光を妨げると論じていた。オルバースが気づかなかったのは、十分な時間があれば、こうした物質は、吸収した光のせいで徐々に加熱され、そのため結局は、隠した星（あるいは銀河）と同じ明るさで輝くことになる点だった。

いずれにせよ、オルバースの立てた問題と、提案された答えは、一九世紀も終わりになるまで、他の天文学者からはほぼまったく顧みられなかった。けれどもオルバースの間違いは大目に見ることができるかもしれない。この時期まで、天文学者は宇宙がどこまで広がっているか知らなかっただけでなく、星が銀河に詰まっていて、この天の川銀河は広大な範囲に散らばる何億という銀河の一つにすぎないことについても十分な証拠が得られていなかった。その状況が二〇世紀の最初の二〇年ほどですべて変わることになる。ある人物が、空間と時間について新たな見方を科学にもたらすことになったのだ。

膨張する宇宙

一九一五年、アインシュタインは自身で最大の成果を発表した。有名な方程式$E=mc^2$でもなければ、ノーベル賞をもたらした光の性質に関するものでもない。「一般相対性理論」と呼ばれる、重力が空間と時間にどう影響するかを述べる理論だった。私たちは学校で、アイザック・ニュートンによる重力を、あらゆる物体に作用して引き寄せる、見えない力だというように教わる。もちろん、それはそれで正しく、私たちはこの惑星の重力の影響で惑星の表面にとどめられて暮らしている。ニュートンの重力の法則は、月が地球を公転したり、月の重力が海の干満に影響したりする様子を説明する。また、地球が太陽を公転し、太陽系については、コペルニクス流の太陽中心の地動説の側に立つ。NASAの科学者がアポロ宇宙船を月へ送り込んだときに使ったのは、ニュートンの重力法則とそれによる予測だった。この普遍的な法則が成り立つことに私たちは何の疑いも抱いていない。ただ、それは何から何まで正確だというわけではない。

アインシュタインの一般相対性理論による重力の表し方は根底から異なり、また、さらにずっと正確だ。それが言っているのは、重力が実はいわゆる力——あらゆるものを引き寄せる見えないゴムバンドのようなもの——ではなくて、あらゆる質量の周囲にある空間そのものの形を表すものということだ。物理学を勉強したことがなければ、こうした話はおそらくぴんと来ないだろう。でも心配ご無用。アインシュタインがその理論を最初に発表したときには、世界中でそれが理解できる科学者は他に二人だけと言われていたのだ。今日では、この理論は検査にかけられ、精密に確かめられているので、それが正しいことにはほとんど疑いは残っていない。

宇宙は基本的に物がつまった空間で、物はすべて、主として重力に支配されているので、アインシュタインらの目には直ちに、一般相対性理論を使えば宇宙全体の特性を記述できるはずだということが明らかになった。ところが、アインシュタインはすぐに重大な問題に遭遇した。ある時点で宇宙にある銀河がすべて互いに対して静止していたら、宇宙の大きさが有限と仮定すると、その互いの重力による引力によって、銀河は互いに集まりはじめることになるはずで、宇宙はそのうちつぶれてしまう。当時は一般的に、銀河やそれより大きい水準での宇宙は、固定的で不変と見られていた——全体の規模で見て進化する、動的で変化する宇宙という考え方とは無縁で、またそんな考え方は不要に見えていた。それで、この一般相対性理論の方程式から宇宙はつぶれるのではないかということになったとき、アインシュタインは、宇宙の見方を根本から変えるよりも、つじつま合わせに走った。重力による内側へ引き込む力と均衡させるために、宇宙斥力という、引力に対抗する反重力の力がなければならないと論じたのだ。これがあれば、重力による引力とつりあって、銀河をすべて離れればなれのままにとどめ、宇宙を安定させるという。アインシュタインが唱えたことは、一般相対性理論と、当時優勢だった固定的宇宙モデルとを折り合わせるための、数学的な仕掛けだった。

ところがその後、意外なことが出てきた。一九二二年、アレクサンドル・フリードマンというロシアの宇宙論学者が、まったく別の結論に達した。アインシュタインが間違っていて、宇宙をつりあった安定状態にとどめる反重力がなかったとしたらどうなるか。フリードマンは、必ずしも宇宙が重力に引かれてつぶれるしかなくなるわけではないことに気づいた。宇宙が逆のことをして膨張するという可能性もあったのだ。どうしてそんなことがありうるのだろう。もちろん、宇宙斥力がなければ、宇宙は拡大ではなく、縮小するしかないではないか。その事情はこんな感じになる。

何らかのことで——何かが最初に爆発して——宇宙が膨張するようにしたとしてみよう。宇宙にあるすべての物質の重力による引力が、その膨張を減速しようとすることになる。すると、宇宙斥力のようなものがあって重力による引力とつりあわなければ、また、宇宙が（何らかの理由で）すでに膨張を始めているとすれば、現時点ではまだ膨張を続けているか、反転して収縮しつつあるか、いずれかとならざるをえないだろう。膨張と収縮のちょうど境目で静止していることはありそうにない。ちょうど境目という選択肢は不安定だ。

これを明らかにする簡単な例を挙げてみる。なめらかな斜面にボールを置くとどうなるか。斜面の途中に置けば、必ず転がり落ちる。しかし、このボールの動画を見ていて一度再生を止め、ボールが斜面を半分上がった（下がった）ところで固定し、誰かに再生を始めたらボールはどうなるか予想するよう求めてみよう。相手はそれに対して、ボールは斜面を上がるか（膨張する宇宙に対応）、それとも斜面を降りるか（収縮する宇宙に対応）、どちらかの答えを言うだろうが、静止しているのはありえないと答えるだろう。もちろん、斜面を上がるとすれば、最初に勢いを与えられていた場合だけだろう。その場合、斜面を登る運動は必ず遅くなり、いずれ止まって転がり落ちるほうに転じる。

誰も、アインシュタインさえ、フリードマンの理論を信じる態勢にはなっていなかった——実験による証拠が出てくるまでは。その証拠が、ほんの何年か後に出てきた。天文学者のエドウィン・ハッブルは、初めて、天の川銀河の外に他の銀河が存在することを示した。その当時まで、望遠鏡で見える小さな光の斑点は星雲と呼ばれ、私たちのいる銀河の中にある塵の雲だと思われていた。ハッブルは、自分が使っていた高性能の望遠鏡で、この星雲があまりに遠くにありすぎて、天の川銀河の中にはありえず、したがってそれもまた銀河だと見た。さらに特筆すべきは、こうした銀河のうち遠くにあるものは、地球からの距離によって決まる速さでこちらから遠ざかっているという観測結果だった。どの方向に望遠鏡を向けてもそうなっているようだった。こうして、フリードマンによる膨張する宇宙説は正しいことが確かめられた。

ハッブルは、宇宙が膨張しているとなれば、過去にはもっと小さかったにちがいないと、正しく論証した。そこで時間を十分にさかのぼれば、銀河が重なりあって宇宙が窮屈だったころに達することになる。時間をさらにさかのぼると、あらゆる物質がさらにぎゅうぎゅうづめになって、今ではビッグバンと呼ばれる宇宙誕生の瞬間に達する（ビッグバンという言葉は、一九五〇年代に宇宙物理学者のフレッド・ホイルが最初に使った）。

宇宙の膨張についてよくある誤解について、ここで一言しておくべきだろう。他の銀河がすべて、空間の中を、私たちのいる銀河から飛び去っているというとらえ方だ。これは間違っている。実際には、銀河どうしのあいだにある、空っぽの空間が拡大しているということだ。これまたおもしろい点についても一言しておこう――つまり、お隣のアンドロメダ銀河は、実はこちらに近づいているのだ。宇宙が膨張する速さの現行の概算によれば、アンドロメダ銀河ほどの距離にある場合、秒速五〇キロほどで遠ざかることになる。ところが実際には、今の太陽系に対しては秒速三〇〇キロで近づいているのだ！　それは、星が銀河で均等に分布しているのではないのと同じく、銀河も宇宙全体で等間隔に分布しているわけではないためだ。ハッブルが観測したのは、非常に遠くの遠ざかりつつある銀河で、私たちがいる局部銀河群にある銀河どうしの運動ではない。

天の川銀河とアンドロメダ銀河が接近する速さは地球を二分で一周するほどで、地球・太陽間でも一週間かからない。実はアンドロメダ銀河と天の川銀河は衝突する進路をとっているが、今の速さでは、両銀河が合体するまでには何十億年もかかる。

宇宙の膨張についてもう一点だけ触れておくと、膨張する速さは増しているらしい。膨張は重力によって減速するどころか、もっと強力な何かが銀河の間隔を押し広げ、その速さが増しているようだ。もっといい名がまだないので「ダークエネルギー」と呼ばれているが、この謎の反重力がはたらいているらしい。つまり、アインシュタインの宇宙斥力という考え方は、結局のところ、それほどおかしなことではなかったのだ――とはいえ、今回わかった斥力は、宇宙を安定に維持するものではなく、それをばらばらにするものらしい。

宇宙論学者は今、こんなふうに思っている。宇宙が一四〇億年近く前にビッグバンで始まって以来、実際に膨張してきたものの、最初の七〇億年は、そこに含まれるすべてのものの重力による引力のおかげで、膨張の速さは減速していた――それでも、次の七〇億年のあいだに、その物質（銀河）は、重力では引き留められないほどに広がってしまった。そうなると、ダークエネルギーのほうが優勢になり、空間を広げ、その速さも増している。膨張が加速していることが発見された一九九八年まではずっと、宇宙が再びつぶれて、いわゆる「ビッグクランチ」に戻ってくる可能性も考えられていたが、今は、これはなく、すべてのものが永遠に他のものから遠ざかって「熱的死」になると考えられている――そう思うと、ちょっとがっかりではないだろうか。もちろん、今から心配しなければならないようなことではないけれども。

ビッグバンの証拠

宇宙が膨張していることが理解されれば、実はそれだけでオルバースのパラドックスを解決できる――けれども、もう一歩先へ進んで、宇宙が膨張しているのは、ビッグバンがあったからだということも明らかにしておこう。今日のビッグバン説は、空間が膨張していることによる否定しがたい証拠以外にも、他に二つの決定的な証拠によって支持されている。まず、宇宙の化学元素の相対的な比率――「元素組成」と呼ばれる――に関するもの。存在する原子のほとんどは、水素とヘリウムという、いちばん軽いほうの元素二種で、他のすべて（酸素、鉄、窒素、炭素など）を構成する物質の量は、合わせてもごくわずかだ。このことについての納得がいくような説明としては、最初は熱くて密度の高い宇宙が、急速に膨張し冷えたということ以外には見当たらない。

恒星や銀河ができる可能性が生じるよりずっと前のビッグバンの瞬間には、宇宙にあるすべての物質はひとまとめに押し込められていて、空っぽの空間などなかった。ビッグバンのほぼ直後、一秒に遠く及ばないほど短い時間の後、原子よりも小さい粒子ができはじめ、宇宙が膨張して冷えるにつれて、この粒子が集まって原子を形成できるようになった。そのときの温度や圧力の状況は、原子ができるようにちょうどよくなっていなければならなかった。温度が高すぎると、原子はそのままではいられず、高速の粒子や放射の狂乱する渦の中でばらばらに引き裂かれることになっただろう。逆に、宇宙がもう少し膨張してしまうと、温度と圧力が低くなりすぎて、水素やヘリウムを押し込めて他の（もっと重い）元素を作ることはできなかった。初期の宇宙には土に水素とヘリウムしかできなかったのはそういうわけだったし、ビッグバンの直後の何分かに起きたのはそういうことだったのだろう。他のすべての元素はほとんど、後で恒星ができてから、その内部で調合できるようになるのを待たなければならなかった。恒星内であれば、あらためて超高温超高圧の環境ができて、熱核融合によって軽い原子がぎゅっと押し込まれ、もっと重い原子になれる。

そういうことで、ビッグバン理論は今日の天文学者が観測する水素やヘリウムの正しい比率を予想するためには、これしかない選択肢となっている。

ビッグバン理論を支持する証拠のもう一方は、宇宙の膨張と同じように、実験で確かめられるよりも前から理論的に予想されていた。今では、宇宙空間を飛び回っている光子の大半は、星の光ではないことがわかっている。宇宙を満たしているのは、銀河が形成される以前からあった太古の光なのだ。ビッグバンから何十万年かして、最初の原子が形成されはじめた。そのとき、宇宙空間は光に対して透明になり、放射は遠くまで自由に進めるようになった。この光は、宇宙の曙の最初の輝きで、それ以来、その光が通る空間が膨張するとともに、光も引き伸ばされてきた。計算によれば、この光の波長は、今では可視光の範囲の外の波長にまで伸びていて、マイクロ波の領域に収まることになる。そのためこの光は「宇宙マイクロ波背景放射」と呼ばれる。

この放射は宇宙全体に行き渡っていて、電波望遠鏡によって、宇宙の奥からのかすかな信号として拾われる。これは一九六〇年代に初めて拾われ、その後、感度が上がるとともに、何度も繰り返して確かめられている。信じがたいように思えるかもしれないが、この微かな電波がラジオやテレビに拾われて立てる音を聞くこともできる。

宇宙に始まりがあったことについては、もはや疑いがない。背景放射(ビッグバンのなごり——しかも計算通りの波長で)、元素の相対的な比率、望遠鏡ではっきりと見える空間の膨張という三つの証拠は、宇宙創成の瞬間を指し示している。

これでやっと、オルバースのパラドックスに片をつけることができる。

最終的な答え

おさらいしよう。夜空が暗い理由は、宇宙の大きさが有限だからではない。わかっていることからすれば、永遠に広がるかもしれない。遠くの星が暗すぎるということでもない。遠くを見れば見るほど、星でいっぱいの銀河がたくさんあって、その光を合わせれば、私たちが宇宙を覗き込むと き、天の川銀河にある恒星のあいだに見える隙間を光で埋めることになるはずだ。宇宙のいちばん奥からの光が途中にある塵やガスに吸収されて遮断されるというのも違う。十分な時間があれば、この途中にある物質が、遮っている光のエネルギーを吸収して、やはり輝きはじめることになるからだ。宇宙が暗い本当の理由は、こうした説明のどれよりも単純で根本的なことだ。夜空が暗いのは、宇宙に始まりがあったからなのだ。

光は時速一〇億キロ以上という、途方もない速さで進む。これは一秒に地球を七周半するほどの速さに相当する。私たちのいる宇宙では、これが宇宙の制限速度となっている。光よりも速く進めるものはない。光が特別な存在というよりも、この速さそのものが私たちのいる空間や時間の生地《きじ》(構造)の一部をなしているということだ。光にはまったく重さがなく、それによって宇宙の制限速度いっぱいで進むことができる。アインシュタインはこのことを、一九〇五年、「特殊相対性理論」と呼ばれる最初の相対性理論で見事に明らかにした(この理論には、後でまたお目にかかる)――知っておかなければならないことがあるとしたら、あの $E=mc^2$ の関係式が出てくるのはこちらのほうだということだろう。

とはいえ、宇宙の規模で言うと、光の速さもそう大したものではない。私たちと天の川銀河内の他の恒星とを隔てる距離は広大で、いちばん近い周辺の星からでも、こちらに届くまでには何年もかかかる。

オルバースのパラドックスを解く助けになるのは、まさしくこの光の速さが有限であることだった。宇宙ができてから一四〇億年近くたった今、私たちに見えるのは、その間に光が私たちのところに到達できるだけの距離以内にある銀河だけだ。もちろん、宇宙の膨張が事態をややこしくする。私たちが一〇〇億光年先にあると言っている銀河は、その光が一〇〇億年かけて私たちに向かって飛んできた銀河のことだ。ところがその間に、こちらとあちらのあいだの空間が引き伸ばされていて、今のその銀河までの距離は、実はその何倍かにもなる。ところが、この銀河の二倍の距離にある銀河は、私たちが見える範囲の外にある。その光はまだ私たちのところへ向かって進んでいる途中で、私たちはそれがまだ見えない。つまり、この銀河は夜空に明るさをもたらすことはありえない。私たちが宇宙を覗き込んだときに見えるのは、宇宙の年齢から可能になる範囲だけだ。

したがって、空に見えるものは、宇宙全体のうちのほんのわずかな部分でしかない。この部分を、「見える範囲の宇宙」と呼ぶ。どんなに高性能の望遠鏡を使っても、この宇宙にある地平線の向こうは見えない。そしてこれは、その地平が時間の地平でもあるからだ。遠くを見るほど、時間を遠くまでさかのぼったところを見ている。私たちが見ているのは、何十億年も前に出発点を出た光なので、見ているのは過去の姿であって、今の姿ではない。見える範囲の宇宙の果ては、私たちにとっては、いちばん古い時期のことでもある。ここで宇宙の膨張について、最後の微妙なところが出てくる。無限の静止的（膨張していない）宇宙が一四〇億年前に、突然どこからともなく生まれたとしても、私たちはやはり一四〇億光年先より向こうは見えないだろう。つまり、無限のかなたが見えないのは、膨張そのもののせいではない。十分に長いあいだ待てるとすれば、もっと遠いところの銀河からの光は、いずれ私たちのところへ届く。見える範囲の宇宙の果ての向こうでは、光は膨張を追い越すことはないということなのだ。昇りのエスカレーターを歩いて降りようとしても速さが足りないのと同じことだ。

前章では、ゼノンのパラドックスを解決するためには、抽象的な論理よりも、厳密な科学に訴える必要があることを言った。けれども、オルバースのパラドックスの場合、最初の正しい解決は、ちゃんとした科学ではなく、直感的な論理に基づいて出てきた。しかもそれは、予想もしないところからもたらされた。一九世紀アメリカの作家で詩人のエドガー・アラン・ポーだ。

ポーは四〇歳で亡くなる前の年、『ユリイカ――散文詩』という、最も重要で影響を残したと広く見なされている作品を発表した。「物質的・霊的宇宙に関する試論」というリブタイトルをつけてポーが行なった講義を元にした、立派な文学作品だ。本物の科学研究としての信用性はなく、ポーの自然法則に関する直感的理解というものだろう。ある意味で、ポーが宇宙の起源、その進化、その終わりについて推測をめぐらせた、宇宙論の論考である――それは科学的な根拠のある妥当な考えに基づいているのではなく、論理と乱暴な推測が入り混じったものに基づいている。たとえば、ニュートンの法則が惑星の形成や自転のしかたにあてはまることについても独自の考えを展開しているが、それはまったく間違っている。それでも、そうした論考の中に埋もれて、次のような有名なくだりがある。

星が果てしなく並んでいたら、空の背景は天の川のように一様に明るく見えるだろう――その背景には、星が存在しない点はまったくありえないだろうからだ。したがって、このような状況の下で、望遠鏡で見ても無数の方向に見つかるあの空虚を理解するとしたら、見えない背景の距離が膨大で、そこからの光がまだ届いていないのだと想定するしかないだろう。

これで答えが得られた。オルバースのパラドックスを最初に正しく解決したのは、科学者ではなく、詩人だったというわけだ。ポーの言っていることはただのあてずっぽうで、本当にパラドックスが解決されたと言えるのは、一九世紀の一流の科学者ケルヴィン卿によってしかるべき計算が行なわれ、一九〇一年に発表されてからだと論じる歴史家もいる。けれどもケルヴィンは、ポーのアイデアに数学的な根拠を与えているだけだ。気に入るかどうかはともかく、ポーの読みは当たっていた。

そこで最初の問題「なぜ夜は暗いのか」に対する答えは……宇宙がビッグバンで始まったから。

最後の答えとビッグバンの証拠

科学者はよく、ビッグバンが本当に起きたことについてどんな証拠があるのかと尋ねられる。科学者が挙げるのは、たいてい、ここで述べた三つの標準的な証拠だ。けれども、ひっくり返してオルバースのパラドックスを先頭に置いたほうが、ずっと易しいし、私の見るところでは説得力もあるのではないか。夜が暗くなる理由は、宇宙に始まりがあったからにちがいなく、ある距離より向こうの光には、まだこちらに届くまでの時間がたっていないからだと言うよりも、この論法を逆にしてみればいいではないか〔「何かの理由があるからビッグバンがあったことが言えて、そのため夜空は暗い」のではなく、「夜空が暗いということはビッグバンがあったということで、それを支持する根拠もある」と考えるということ」。ビッグバンの証拠がほしければ、夜、外に出て、宇宙の暗さを考えてみればすむことになるからだ。

本当の謎は、天文学者がそのことに思い当たるまでにこれほど長い時間がかかったということだ。

第4章
マクスウェルの魔物

永久運動機関は可能か

物理学者の一団と遭遇して、そのひとりひとりに、科学でいちばん重要な概念は何だと思うかと尋ねたら、答えはいろいろ出てくると予想されるだろう。あらゆるものは原子でできているという原子論、ダーウィンの進化論、DNAの構造、ビッグバン宇宙説など。ところが実際には、全員が一つのことを挙げる可能性も高い。「熱力学の第二法則」と呼ばれるものだ。本章では、この重要な概念と、一〇〇年以上にわたり、この法則をほとんど崩れる寸前まで追い込んでいたパラドックスについて述べる。

「マクスウェルの魔物のパラドックス」は、単純なアイデアとはいえ、科学の一流どころが数多く頭を悩ませ、新しい研究分野がいくつか生まれるほどのものだった。それはすべて、このパラドックスが、熱力学の第二法則という、自然界で最も神聖不可侵の法則に立ちはだかるからだ。この法則は、熱とエネルギーがどう動き、どう使われるかに関して、単純だが奥の深いことを言っている。

熱力学の第二法則が言っているのは……話を進めるためにこんな例を考えよう。これは私が家族にこの法則を説明しようとしていて、家族のほうが行き着いた例だ。冷凍のチキンを熱いお湯の入った瓶の上に置こう。すると、チキンが少し解凍されて、瓶のお湯は少し冷えると予想される。熱が逆方向に流れて、お湯がさらに熱くなり、チキンがさらに冷えるということは決してないだろう。熱は必ず温かい物体から冷たい物体へと流れ、決して逆にはならない——そして、平衡状態になって温度差がまったくなくなるまで、流れるのをやめることもない。何の異論の余地もないと思われるかもしれない。

そこで今度はマクスウェルの魔物という問題を見てみよう。まず、話の出発点について概略を述べておこう。断熱された容器に、空気だけが入っているとする。容器の内部は、断熱材による分厚い壁で半分ずつに区切られている。その仕切りの中央に、当たると開く隠し扉があって、いずれかの側から空気の分子が当たると、一瞬にして開閉し、その分子を反対側の区画に通す。両側の圧力はずっと変わらない。一方の側に分子が多くなれば、そちら側の分子のほうが、扉に近づいて通してもらう可能性のほうが高くなり、その結果、圧力は再び等しくなるからだ。

この過程はきりなく続けることができ、両者のあいだに温度差が生じることはないだろう。このことを説明するには、分子レベルで「温度」の概念を定義する必要がある。基本的には、分子がぶつかっては跳ね返る速さが速いほど、気体は熱い。気体はすべて、空気と呼ばれる混合物も含め、何兆ではきかないほどの数の分子があって、すべてがランダムに、いろいろな速さで動きまわっている。他より速いものもあれば、遅いものもある。それでも、全部を合わせた平均の速さをとれば、それに応じて温度が決まる。容器内では、二つの区画のあいだの仕切りをくぐり抜ける分子には、速いものもあれば遅いものもある。平均すると、いずれの方向にくぐり抜ける分子も、速い分子と遅い分子が同じ数だけあるはずで、温度差が一方的に蓄積することはない。速い分子のほうが、遅

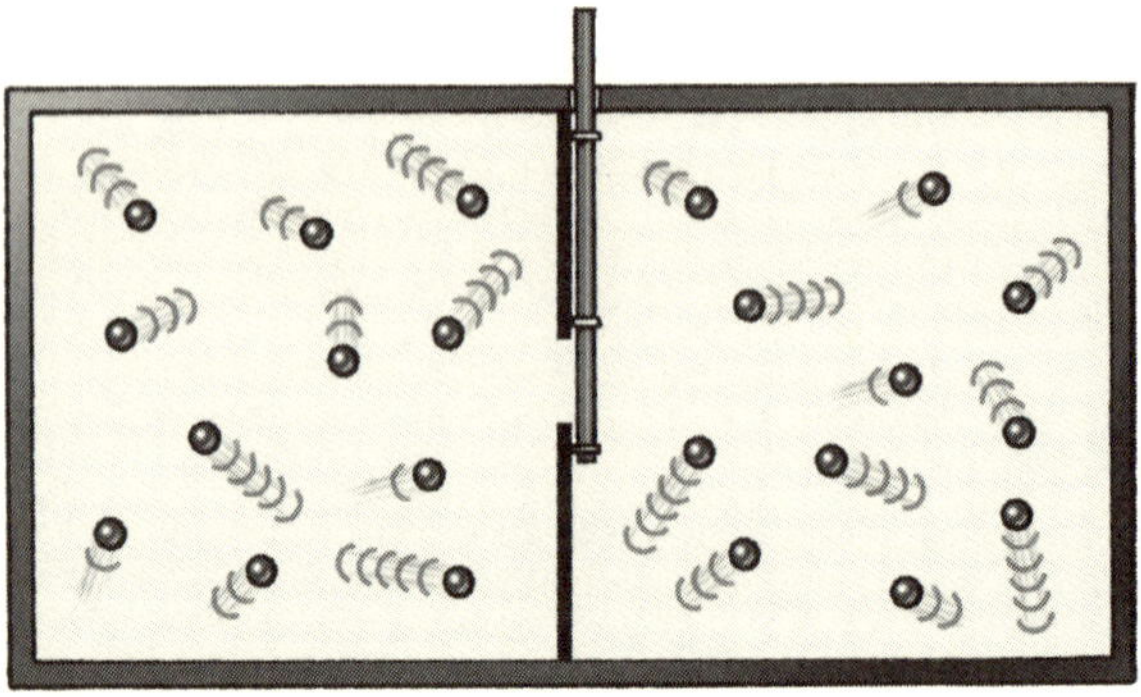
(a) ビフォー

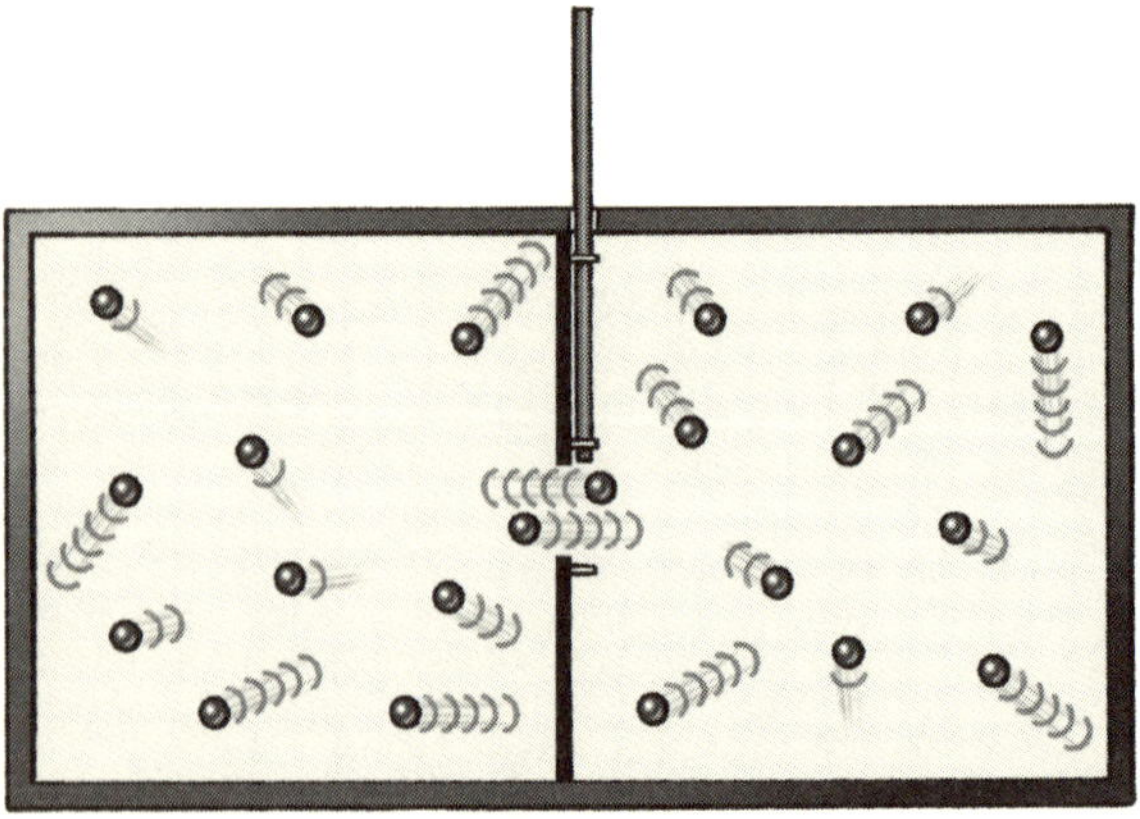
(b) アフター

図 4.1　マクスウェルの空気の箱

い分子よりも余計にくぐり抜けるのではと思われているなら、それはそれで正しいかもしれないが、この論証には影響しない。左から右へ移る速い分子は、逆方向に移る分子と同じ数になるはずだからだ。

ここまでついて来られたなら、そろそろ魔物を解き放ってもいいだろう。

マクスウェルの魔物は架空のごく小さな生き物で、視力がいいので、空気の分子を一つひとつ識別でき、それがどれだけの速さで動いているかもわかる。そこで今度は、隠し扉が勝手に開いたり閉じたりするのではなく、魔物に扉の開閉を委ねることにする。先ほどと同じ数の分子がドアをくぐれるが、さらに、魔物が情報をもとに操作しているという因子が加わる。魔物は速いほうの分子だけを左から右へ通し、遅いほうの分子だけを右から左へ通すのだ。門番の魔物がそのことを承知していれば、とくに労力をかけずに、つまり余分のエネルギーを使わずに（もともと扉は勝手に開いたり閉じたりしていたことを忘れないこと）、まったく違う結果が得られるらしい。

第1章で調べたモンティ・ホールのパラドックスでは、司会者が知っているかどうかに違いがあり、ここでもそれになぞらえてみたくなるかもしれないが、そんな落とし穴にははまらないように。ゲーム番組の司会者がどの扉の向こうに賞品があるかを知っているという事実は、確率の計算のしかたに影響したが、それだけのことだ。これから見るように、マクスウェウルの魔物の知識はもっと重要なことをして、このパラドックスを解決するために解明しなければならない物理過程全体を左右するような部分となる。

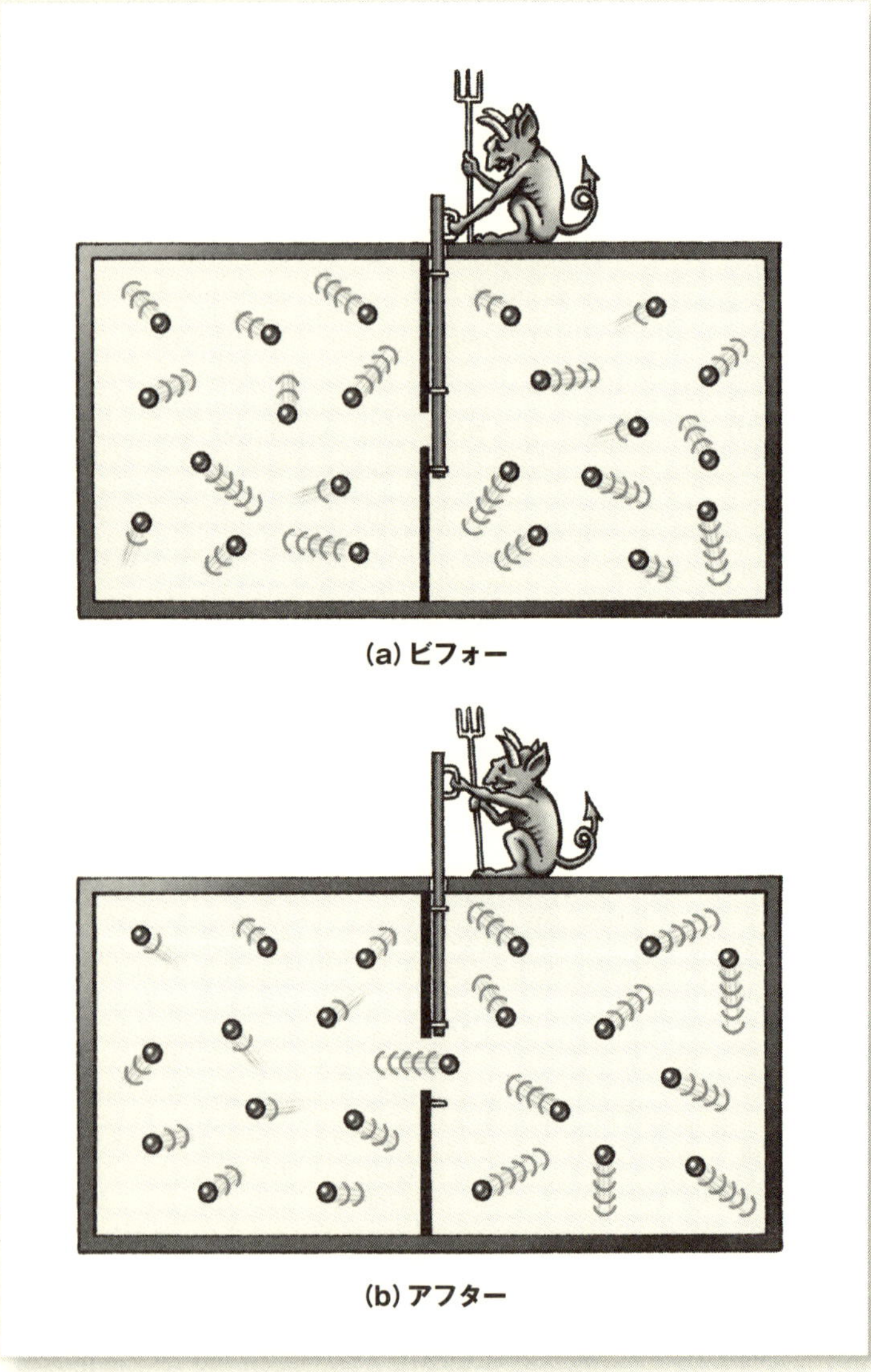

(a) ビフォー

(b) アフター

図 4.2　マクスウェルの魔物

魔物が扉についていることによって、右側の区画には速いほうの分子が集まって熱くなり、左側の区画には遅いほうの分子が集まって冷たくなる。魔物の知識だけを使って、二つの区画のあいだに温度差ができるらしい。これは熱力学の第二法則に反しているように見える。

つまり情報があるだけで、マクスウェルの魔物の動作は、熱力学の第二法則に支配される過程を逆転させるらしい。どうしてそんなことができるのか。一〇〇年以上にわたって、数多くの一流の学者たちがこのパラドックスに取り組んできた。これからその解き方を見ていく——結局、本書の他のパラドックスに見えるものと同じく、これも解決できるもので、第二法則も守られる。

この話に今なおこれほど魅力があるのは、これが永久運動機関、つまり、エネルギーを消費しなくてもいつまでも動きつづけられる装置と関係しているからだ。マクスウェルの魔物に熱力学の第二法則が破れるとしたら、同じことをする機械仕掛けを作ることも可能なはずだ。本章の後半で、そのような機械を何種類か見てみる。その頃には、それがありえないことを言うのに大した手間はかからなくなっていればいいのだが。

ゆるむ、混じる、転がり落ちる

熱力学には全部で四つの法則がある。いずれも熱とエネルギーがどのように形を相互に変えるかに関するものだが、中でも第二法則が重要だ。物理学全体のなかでも最重要クラスに入る法則だというのに、これが熱力学の第一法則にはなっていないのを、私はずっとおもしろいことだと思っている。

実際の熱力学の第一法則はわかりやすく、エネルギーは形を変えることはできるが、新しく生まれたり、なくなったりはしないことを言っている。通常はもう少し専門的な表し方がされて、「系の内部エネルギーの変化は、『系に供給された熱の量』マイナス『系が周囲に対して行なった仕事の量』に等しい」などと言われる。これが意味することは、基本的に、「すべてのものは、何をするにもエネルギーを必要とする」ということだ——車には燃料、コンピュータには電気、私たちはただ生きているだけでもエネルギーを消費するので、食べるものが必要だ。こうした例からわかるのは、何かの系がいわゆる「役に立つ仕事」を行なうために、そこに注入しなければならないエネルギーの形がどれだけ多様かということだ。この脈絡では「役に立つ」という言葉が重要で、生産的な使い方には入らない形のエネルギーがあることを認めている。たとえば、摩擦による熱、エンジンの立てる音など、ただ周囲に流れ出て散逸するだけのエネルギーがそれに当たる。したがって、第一法則はただただ、もっと重要な第二法則の基礎を敷くものだ。第二法則のほうは、あらゆるものは擦り切れ、冷え、ゆるみ、古くなり、壊れることを言う。砂糖がお湯に溶けても、溶けた砂糖が勝手に集まって元の砂糖に戻ることはない。その理由を説明するのが、この法則だ。グラスの氷が必ず解けるのは、熱が必ず温かいほうの水から冷たいほうの氷へと移り、逆はないからだということも説明する。

しかしどうしてそういうことになるのだろう。個々の原子や分子が衝突して相互作用して……という面から世界を見ることができるとしたら、時間がどちら向きに流れているかは区別できないだろう（その流れを動画にして見ていたら、それが順方向に再生されているか、逆方向に再生されているか、区別できないということ）。これは、原子のレベルで見ると、物理的過程はすべて可逆だからだ。ニュートリノが中性子と相互作用すると、陽子と電子になって、飛び去ってしまう――けれども、陽子と電子が衝突して中性子とニュートリノができて分かれていくこともある。物理法則では、どちらの過程も「あり」で、時間はどちらの向きにでも進める。

これは日常の身のまわりで起きる事象とは正反対で、日常では、時間が流れる方向を造作なく決められる。たとえば、煙突の上空から煙が集まって来て煙突に吸い込まれるという光景を見ることはない。同様に、コーヒーに砂糖を混ぜて溶かしてしまうと、さらに混ぜていると砂糖に戻ることはないし、暖炉の灰の山が燃えてまた薪になるのを見ることはない。こうした事象と、それを構成する原子のレベルでの事象とを分けるのは何か。身のまわりで見る現象の大半が逆向きには起こらないのはどういうことなのだろう。原子から煙突の煙やコーヒーや薪へ進む途中のどの段階で、逆転が不可能になるのだろう。

もっと詳しく調べるとわかってくるのは、今述べたような過程は、決して逆向きには起こりえないということではなく、起きる可能性がきわめて低いということだ。溶けた砂糖が、かき混ぜているうちにまた角砂糖になるということは、物理法則の範囲内で文句なくありうる話だ。それでも、もしそんなことが起きたら、何か仕掛けがあってのことではないかと疑うだろう――そう思うのも無理はない。そういうことになる確率はきわめて小さく、無視してよいほどだからだ。

第二法則をもう少しよく理解できるようにするために、「エントロピー」と呼ばれるものを紹介しなければならない。本章では大きな存在となるので、これがどういうものか、明瞭にしておいてもらわないといけない。とはいえ、あらかじめお断りしておくと、どれほど注意深く解説してみても、おそらく把握しきれないという感じが残るだろう。

エントロピーという概念は、なかなか定義が難しい。それが表すものは、記述している状況に左右されるからだ。解説のために例を二つ挙げてみよう。エントロピーとは、雑然さや無秩序の尺度であるとする定義がある。ものがどれほど混ざりあっているかということだ。トランプのまだシャッフルしていない束は、それぞれのマークが分かれ、昇順（2、3、4…J、Q、K、A）に並んでいて、これはエントロピーが低いと言われる。カードを少しシャッフルすれば順番は崩れ、この束のエントロピーは増大する。そこでこんなことが問える。さらにシャッフルしたらカードの順番はどうなるだろう。答えは明らかだ。カードは、元の並びに戻るより、もっと混ざりあう可能性のほうが圧倒的に高い。つまり、シャッフルを続ければ、エントロピーは増大する傾向にある。カードが完全に混ざったとき、エントロピーは最大と言われ、さらにシャッフルしても、カードはそれ以上に混ざりあうことにはならない。シャッフルしていない束は、ただ一通りだけのカードの並びになっているが、カードの混ざり方はたくさんあって、シャッフルすれば、一方に向かって、つまりエントロピーが低い状態から高い状態へ、整った並びから混ざった並びへと進む可能性が、圧倒的に高い。これは角砂糖が半分溶けた状態にあるとき、そこからさらにかき混ぜれば、必ずさらに溶ける方向へ進む場合と同じ非可逆性だ。

したがって、熱力学の第二法則は、物理的世界の特定の特性に基づくというよりは、統計学的なものだということがわかる。低いエントロピーの状態は、エントロピーの高い状態へと進展する可能性のほうが、逆の可能性よりも、圧倒的に高いということにすぎない。

この確率についてわかりやすくすると、完全にシャッフルされたトランプの束を調べたとき、それが四つのマークごとに、数も順番に並んでいたということになっている可能性は、宝くじの一等に、一度や二度ではなく、連続して

左の五枚のカードは、右と比べてエントロピーの低い状態に並んでいる。

図 4.3　無秩序としてのエントロピー

何回も当たる可能性と同じくらいだと言えばいいだろうか。

あるいはまた、エントロピーはエネルギーのうち仕事を行なうために使えるぶんを表す尺度と考えることもできる。この場合、使えるエネルギーが多いほど、状態のエントロピーは低いことになる。たとえば、充電が完了したバッテリーのエントロピーは低く、電気を使うにつれてエントロピーは増える。ぜんまい仕掛けのおもちゃは、ねじを巻いた状態ではエントロピーが低く、ぜんまいがゆるむにつれてエントロピーは増える。完全にゆるんでしまうと、人がエネルギーを使ってねじを巻くことによって、エントロピーを元の低い状態に戻すことができる。

熱力学の第二法則は、基本的にはエントロピーについて述べている。つまり、外からエネルギーを注ぎ込まないかぎり、エントロピーは必ず増え、減りはしないということだ。ぜんまい仕掛けのおもちゃの例で言えば、外からねじを巻くときには第二法則は破られていない。その系（おもちゃ）は周囲（ねじを巻く人）と分離されてはいないからだ。おもちゃのエントロピーは減るが、それは巻く人が「仕事をして」ねじを巻くからで、それによって、巻く人のエントロピーは、おもちゃのエントロピーが減るぶん以上に増える。だからおもちゃと巻く人を合わせた全体としてのエントロピーは増えている。

第二法則は、こうして時間が流れる方向を定めることもできる。時間の方向など、あたりまえのことではないかと思われるかもしれない。時間は過去から未来へと流れるものに違いないと。けれども、「過去から未来へと流れる」というのは、実際にそうなっていることの表し方にすぎない。もっと科学的な定義に達するために、私たちの主観的な過去（すでに起きて記憶があるもの）と未来（まだ実現していないもの）の区別を避けて、生命のない宇宙を想像しよう。すると、時間はエントロピーが増大する方向に流れると言ったほうが、意味をなして便利であることがわかる。事態から自分や頭の中にある主観性を除いて、物理的な過程だけを使って時間を定義しているからだ。この定義は個々の系だけにあてはまるのではなく、宇宙全体にもあてはまる。孤立した系のエントロピーが減っている状況に出くわしたとしたら、時間が逆転したにちがいないと言ってよいということがわかる――考えることもできないほどおかしなことだ（少なくともこの章では）。

イギリスの物理学者アーサー・エディントンが第二法則が重要であることについて、次のようなことを言っている。

　エントロピーはつねに増大するという法則――熱力学の第二法則――は、自然界の法則の中でも最高の地位を占めている、と思う。……自分が考えた理論が熱力学の第二法則に反しているとなったら、その理論にはまったく見込みがない。それはこれ以上ないほどの大失敗作となるしかない。

私たちはときどき、エントロピーが減っているように見える例に出会うことがある。たとえば、腕時計は高度に整った複合的な系で、金属のかけらが集まってできている。これは第二法則に反しているのではないか。そんなことはない。これもぜんまいじかけのおもちゃを複雑にしただけのものだ。時計職人が何らかの労力を時計作りに投入して、当人のエントロピーを少し上げている。さらに、鉱石を精錬し、金属を加工するのにも、一定量の排熱を生じており、これは時計を作って得られたわずかなエントロピーの減少分を上回る。

マクスウェルの魔物が難問になるのは、そういう理由からだ。この魔物は、空気分子を整理して容器のエントロピーを下げるという意味で、時計職人と似たようなことをすることができるらしいが、こちらは分子を物理的に動かすわけではない。一般則として、エントロピーが減るように見える場合でも、必ず、当該の系が実は周囲から分離されておらず、ズームアウトしてもっと広く見れば、全体としてのエントロピーが増えているのが見えることになる。地球上では、生命の進化から、高度に整った複合的建造物まで、地球の表面のエントロピーを減らすような過程がたくさん生じているのが見られる。車でも子猫でも、コンピュータでもキャベツでも、その原料になっている物質よりもエントロピーは低い。それでも第二法則は決して破られてはいない。忘れてはいけないのは、惑星全体でさえ、その周囲から孤立しているわけではないということだ。結局のところ、地球上の生命はほとんど、したがってエントロピーの低い構造物もすべて、日光のおかげで存在している。地球と太陽を合わせた系を考えると、全体のエントロピーは増えていることがわかる。太陽の放射は宇宙空間に広がる（地球が吸収するのはそのごく一部）ということは、太陽の放射を使って生命が活動し、その結果、地球でどれほど低エントロピー構造ができてエントロピーが減っても、それ以上に全体のエントロピーが増えるということだ。たとえばキャベツは、光合成で太陽のエネルギーを取り込み、それを使って成長し、高度に整った細胞の数を増やし、それによってそのエントロピーを減らす。

科学者は長年にわたって、何度も何度も、第二法則に反するように見える状態を工夫するという難題に引き寄せられてきた。中でもきわだっているのが、一九世紀のスコットランド人数理物理学者、ジェームズ・クラーク・マクスウェルで、光が電気と磁気の場の振動であることを計算で示した成果で有名な人物だ。そのマクスウェルが、一八六七年に行なった一般向けの講演で、あの架空の魔物が熱力学の第二法則に対抗する任務を与えられ、容器内の二つの区画のあいだにある扉を開閉するという、有名な思考実験の話をした。扉を開閉することによって、エネルギーの大きい「熱い」空気分子は一方へだけ移動でき、動きの遅い「冷たい」分子はその逆方向にだけ移動できるようにする、弁のような働きが生まれる。そうすることで分子が分別され、一方の区画はますます熱く、もう一方の区画はますます冷たくなる。これは第二法則にまっこうから反する。見たところ、扉の開閉に余分のエネルギーを費やすことなくそれが行なわれるからだ。先にも述べたように、この扉はもともと無作為に開閉するのだ。それでもこの容器全体のエントロピーは、分子が二つの区画に振り分けられるにつれて、減少しているように見える。

一方向弁

では、このパラドックスはどう解決できるのだろう。マクスウェルの魔物は容器のエントロピーを下げることができるのか。もしそうなら、どうやって第二法則を守るのか。まず、このことについて、物理学者として臨んでみよう。論証にとって大事ではないところをすべてはぎとるということだ――この場合には、魔物は同じことができる機械的装置に置き換える。こうすると問題は、魔物の作用をまねできる機械的な過程は存在するかということになる。確かに存在する。魔物はある意味で、一方向弁のようにふるまう。したがって、そのような弁を使って容器の両側の不均衡を生み出せるかを考えることができる。エントロピーを下げ、それによってエネルギーを「収穫」する方法がもたらせるかということだ。細かく調べなくても、この可能性は少々うさんくさい感じがするはずだ。何と言っても、こんなことができたら世界のエネルギー問題は解決してしまうだろう。それだけを根拠にしても、それがありうる可能性はないように見える。

とはいえ、一方向弁が平衡状態からエネルギーを取り出せないことを、どうしてそれほど確信できるのだろう。もしかしたら第二法則はそれほど神聖不可侵ではないかもしれないではないか。何と言っても、ニュートンの万有引力の法則は、アインシュタインが登場して、それに代わるもっと正確で根本的に異なる一般相対性理論の構図をもたらすまでは、みんなが信じていたではないか。

熱力学の第二法則にも、相応の頭脳と勇気と想像力をもった誰かが登場して、もっと良い理論に置き換える必要がある小さな抜け道があったりするのだろうか。

残念ながら、そんなことはない。ニュートンの法則は、自然界に観察されること、つまり物体がそれぞれの質量と相手からの距離に応じて互いに引きあう様子を記述する数式の発見に基づいている。アインシュタインは、この式が間違っているわけではなく、近似にすぎないこと、重力の表し方はもっと奥深く、空間と時間の曲がり方によって記述できることを明らかにした——残念ながら、数学的にはニュートンの式よりもずっとややこしくなった。

第二法則は違う。それも観察に由来するとはいえ、それは純然たる統計学と論理を使って理解できることで、どんな観察よりも強固で正確な土台によって支持されている。実は、アインシュタイン自身、この法則こそが、「決してひっくりかえらないと確信できる普遍的な内容をもつ唯一の物理学の理論」だと書いている。

そこで、マクスウェルの魔物を単純化した形のものを立てて、どうなるか見てみよう。容器両側のあいだの「不均衡」が徐々に、また自然発生的に大きくなるというのは、エントロピーが低くなることに相当すると認めてもらえば、温度差をつけるという要請を、圧力差に関するものに置き換えられることに同意してもらえるだろう。何と言っても、このような状況を使えば、役に立つ仕事が行なえる（すぐ後で見る）。また両側が同じ圧力だったときよりもエントロピーは低い状態にも相当する。しかし今度は、一方の区画には高速で動く分子があり、他方は低速の分子があるという状況ではなく、一方に他方よりもたくさんの分子がある——だから圧力が高い——という状況だ。分子レベルで言えば、圧力とは、区画の壁に当たる分子の数が多いということに相当する。

圧力の不均衡がどうして役に立つ仕事に使えるかを見るために、二つの区画のあいだの仕切りを手動で開けることを考えよう。空気の圧力が高いほうから低い方へ空気が流れ込み、圧力を等しくしようとする（これがエントロピーが高くなるということ）。この空気の流れを使って、役に立つ仕事を行なえる。たとえば、それによって風力タービンを回し、ささやかな電力を生み出すことができる。もちろん、そのような圧力の不均衡を生むのは、エネルギーを蓄積することに似ている。ぜんまい仕掛けのおもちゃのねじを巻いたり、電池を充電するようなものだ。それが自然発生的に生じるとしたら、第二法則に違反することになる。

これを行なうために使えそうな一方向弁を最も単純にしたものは、一方向だけに開いて、左側からの空気が押し開けることで空気を通し、通ってしまうとばねじかけでまた閉まる扉といったところだろう。右側から当たる分子は扉を余計にきつく閉めるだけになる。残念ながら、そのような装置は始動さえしないだろう。両区画にごくわずかな圧力差が生じて右側の圧力が高くなったとたん、左から扉に当たる圧力では、右側からドアを閉めている圧力に打ちかつことはできないからだ。

もしかすると、この装置が成り立たなくなるのは、右の高圧側の区画——分子が扉に逆らって動くことで扉を閉じておく側——が、ドアを押して通ろうとする左側の高速の分子を止めるほどに圧力差が大きくなってからだと思われているかもしれない。確かに、この過程は少なくとも始動して、最初にわずかな高速の分子が通り抜けて小さな圧力差ができることはありうる。それでも第二法則を破ることにはなるだろう。右側からのこのごく小さな量の圧力でも、解放すればタービンを回してささやかな電力を生めるだろう。この過程を何度でも繰り返せば、結果として電力も増えていくので、ますますやっかいになることが見えてくる。圧力差はまったく生じない理由がわからないことには、第二法則は困ったことになる。

　これまで、個々の空気分子が、何兆もの分子でできた（どんな材質でできていようと）扉を押し開けられると仮定してきた。現実には、分子のレベルまでズームして見るのなら、扉についてもそうしなければならない。そしてこのレベルまで下りると、扉の分子はやはり振動していて、ランダムに震えている。左の区画からの高速で動いて扉に当たって開ける分子が一個でも、それは扉の分子にエネルギーを与えることになり、扉の分子は前よりも少し大きく振動することになり、その作用で扉はランダムに開閉して、逆方向にも分子がくぐれるようになる。もちろん、ちょうど一対一の交換ではないが、両側からたくさんの分子が当たっているので、扉はつねにその分子レベルで振動していて、一方向弁として機能することはない。

　同じ論法は、圧力差ではなく温度差が蓄積すると考えた場合にも成り立つ。熱は基本的に分子の振動にほかならないし、分子間の衝突で移動するので、空気分子と同じく扉の分子についても成り立つ。したがって、高速で運動する分子が左側から扉に当たってそれを開けるたびに、それはなにがしかのエネルギーを扉の分子に移し、その分子をさらに大きく振動させることになる。このエネルギー(あるいは熱)は、左側の区画に残っている空気分子に戻される。つまり、高速で動く分子のエネルギーは、その一部が元いた区画に戻るというわけだ。右側の区画に持っていかれた余分のエネルギーは、結局のところ、右側から常に分子が当たっているあいだに放出される——そのエネルギーも最終的には左側に移される。こうして左側の高速運動する分子は、右側と同じ数になる。

ここから学ぶべきはこういうことだ。一方の側からだけの分子に反応して一方向弁として作用する扉が、エネルギー移動の過程に知らんぷりをして分離されていることはありえない。扉が分子一個にでも反応するほど敏感だとすれば、他の一つひとつの分子にも影響されるので、区画を仕切る断熱材としては機能できないことになる。

でも魔物はもっと賢いのでは?

ここで、ハンガリーの科学者で発明家のレオ・シラードという人物を紹介したい。三〇代初めだった一九二八年から三二年にかけて、集中的な研究をして、一九二八年には線型粒子加速器、一九三一年には電子顕微鏡、一九三二年にはサイクロトロンと、史上でも最高クラスの装置をいくつか発明し、それはどれも、今でも科学研究で用いられている。信じがたいことに、シラードはこの三つについて、研究を発表するとか、アイデアについて特許をとるとか、装置の試作品を作るとかの手間をかけなかった。この三つの装置はどれも、その後、シラードの研究に基づいて他の人々が建造することで実現された。実は、そのうち二つは、他の物理学者にノーベル賞をもたらしている（サイクロトロンの開発に対してアメリカ人のアーネスト・ローレンスに、電子顕微鏡を初めて実際に作ったことに対してドイツ人のエルンスト・ルスカに）。

この創造性が集中していた時期の一九二九年、シラードは騒動をもたらすことになった重要な論文を発表した。この論文は「知的存在の介入による熱力学系のエントロピー減少について」という題で、後にシラード機関と呼ばれるようになる、マクスウェルの魔物の変種を唱えていた。けれどもシラード版では、パラドックスの中心にあったのは、単なる物理的な過程ではなかった。シラードによれば、違いをもたらすのは実際、マクスウェルがそうではないかと心配したとおり、分子の状態についての魔物の知性と知識だった。このパラドックスは、どれほど巧みでも、機械装置では解決できなかった。

パラドックスのおさらいをしておこう。何の助けも借りず、空気分子のランダムな衝突で自然発生的に、二つの区画のあいだに温度か圧力の不均衡を生むよう求めるのは、一方向弁あるいは扉をどんなに巧妙に動かそうと、まったくうまくいかない——必ず外からの何かの助けが必要になる。この助けが、どうやら単なる情報の形であってもいいらしいというのは、特筆すべきことだ。

私たちは出発点に戻ってきたらしい。情報のような抽象的な概念を、あるいはもしかすると、知覚できる生命の必要性を、物理法則による、何も考えていない、心のない統計学的世界に収めようというのだ。熱力学の第二法則は、生命のない宇宙でのみ成り立つと認めざるをえないのだろうか。

生命には、物理学には収まりきらない魔法のようなところがあるということも。シラードの答えはその逆で、第二法則や増大するエントロピーの概念が見事に普遍的だということだった。

容器に一〇〇個の分子があるとしよう。二つの区画のそれぞれに五〇個ずつ、ランダムに配分し、速い分子の数と遅い分子の数は、それぞれの区画どうしで同じで、両方の区画の平均温度は等しいものとする（もちろん、実際の分子は何億兆もあるが、話を簡単にする）。魔物は、仕切りの開けどきを入念に制御して、一方にある速いほうから数えて二五番めまでの分子を反対側に移し、そちらからは遅いほうから数えて二五番めまでの分子を逆側に移す。そのためには仕切りを五〇回開けなければならない。開閉にも、量はどんなに少なくてもエネルギーが使われ、それが魔物がエントロピーを下げる対価だと思われるかもしれない。そのような外部からのエネルギーは、ぜんまい仕掛けのおもちゃのねじを巻くことに相当するのではないか――つまり、何らかの仕事をすることによって何かのエントロピーを減らすということで、それが他のところのエントロピーをもともと増やさなければならない。けれども、魔物が分子の状態について何の情報をもっていなくて（つまり、どれが速くてどれが遅いか区別できないということ）、ただ仕切りを五〇回ランダムに開閉して、分子の半分を左の区画から右の区画へ移動させ、半分を右の区画から左の区画へ移動させると、両側は平均して同じ温度のままになる。速い分子も遅い分子も両方向に同数が移動するからだ。つまり、情報がなければ、あるいは情報があってもそれを使わないことにしたら、エントロピーが下がることはなく、しかも魔物が仕切りを五〇回開閉するのに使うのと同じエネルギーが使われる。明らかに、仕切りを操作するのに必要な手間は、分子を仕分けすることにはあずかっていないと考えてよい。

シラードの烱眼《けいがん》は、情報がどうこの中に収まるかを明らかにしたところだった。魔物がエネルギーを使うのは、仕切りを動かすところではなく、分子の速さを測定するという行為のところだという。つまり、情報を得るには必ずエネルギーの対価があり、それは魔物の頭で情報を整理するために使われるエネルギーなのだ。つまり根底では、情報は頭の中の、あるいはコンピュータのメモリでの、整った状態にほかならない――すなわちエントロピーが低い状態だ。情報が入れば入るほど、脳やメモリは構造化され、整うことになり、そのエントロピーは低くなる。

この情報をもったエントロピーの低い状態が、役に立つ仕事をする力をもたらす。つまり、情報はポテンシャルエネルギーを蓄える電池のようなもので、それが他のところのエントロピーを下げるために使える。

マクスウェルの魔物はもちろん、完全に効率的であることはありえない。分子の位置や状態（温度）について情報を得るために、エネルギーを使う。すると、その情報を使って分子を識別するのにも、さらにエネルギーを使うかもしれない。最初に情報を得るために使われたエネルギーが外部環境のエントロピーを上げる。さらに、魔物が使ったエネルギーは、外のエントロピーをさらに上げているだろう。

要するに、私たちはコンピュータ（あるいは脳）を、電気（あるいは食物）といったエントロピーが低い使えるエネルギー——モーターが出す熱や雑音のような、役に立たない、エントロピーの高いエネルギーとは違う——を受け取り、それを情報に転換する装置と考えることができる。この情報を物理系に入れて使い（移動させ）、その系のエントロピーを下げ（たとえば系を整理すること によって）、役に立つ仕事を行なう力とすることができる。この過程には、一〇〇％の効率で行なわれる段階はないので、その途中で何らかの量の熱が必ず失われることになる。周囲の環境のエントロピーは、散逸する排熱に対応するエントロピーで上昇し、それに加えて、そもそも情報を得るという作業のために魔物が摂取しなければならない糧を提供することでも上昇する。両方合わせると、情報処理の結果としてのエントロピー減少ぶん以上になる。第二法則は救われる。

そもそも「ランダム」の本当の意味は？

第二法則と、秩序・無秩序の分かれめをもっと丁寧に見よう。そもそもエントロピーとは何かについては、まだ根本にまでは達していないからだ。トランプの束をシャッフルする例では、シャッフルしていない束の場合、すべてのカードがマークごとに昇順に並んでいて、そのエントロピーは低く、でたらめにシャッフルした束ではエントロピーが高くなっていることには疑いなどないように見える。けれども、束にあるカードが二枚だったらどうなるだろう。カードの並び方は二通りしかないので、どちらが整った並びでどちらが整っていないかを区別するのは意味がない。三枚ではどうか。たとえば、ハートの2、3、4としよう。こうなると、「2、3、4」のほうがたとえば「4、2、3」よりも整っていて、エントロピーが低いと言ってもいいかもしれない。何と言っても、最初のほうは昇順に並んでいる。けれども、三枚のカードがハート、ダイヤ、スペードのそれぞれ2だったらどうだろう。どれかの並び方が他と比べて整っているのだろうか。今度の場合、違いはカードが数ではなくマークで区別される。もちろん、カードのマークのつけ方が、エントロピーがどれだけあるかと関係しているなんてありえない。「ハートの2、ダイヤの2、スペードの2」という並びが、「ダイヤの2、ハートの2、スペードの2」と比べて、エントロピーが多いとか少ないとかのことはない。

ここでエントロピーを無秩序の量と定義したことには、どこか足りないところがありそうで、それは、私たちの無秩序の定義が狭すぎるからだ。それで意味するところが明瞭な場合もあるが、そうでない場合もある。この話をさらに進めてみよう。以下に述べるのは、実に下手なトランプ手品だが、それが私の言いたいことを明らかにしてくれる。順番に並んだトランプの束をとり、それをシャッフルして、カードが十分に、ちゃんと混ぜられているのを相手に見せる。ではご覧下さいと私が言って、どこから見ても、さらにあたりまえにシャッフルしているとしか考えられないようにシャッフルする。けれども今度は、カードを特別な順番に並べましたと言う。こう言われると、おやっと思うだろう。私がしたことは、最初に束を混ぜたのと似たようなシャッフルだったように見えたからだ。私はカードをめくり、それをテーブルに広げる。驚いたことに、またがっかりすることに、カードはやはり先ほど同じようにでたらめに混ざっているように見える。これは誰もが「特別な順番」と呼べるようなものではない、と相手は言うだろう。

でも、実は確かに特別なのだ。どういうことかと言うと、相手に別のトランプの束をとってもらい、それをシャッフルしても、私が作ったのとまったく同じ順番にすることはできないことに、私は賭けてもよい。そんなことができる可能性は、もちろん、シャッフルするだけで完全に整った順番に戻すというのと同じくらい低い。そうなる可能性は、一億兆兆兆兆兆兆分の一ほどだ。要点についていては、わざわざ試してみるまでのことではない。つまり、そういうふうに見ると、私がでたらめに混ぜてできたカードの並びは、シャッフルしていない、おろしたての束と同じく「特別」なのだ。では、ここでエントロピーはどうなったのか。どんなにでたらめに混ぜたように見えようと、最初の並びと同じくらい可能性の低い並びになるのなら、エントロピーが増加したとは言えないように見える。

確かに私はここでごまかそうとしている。もちろん、ちゃんと並んだ束には、ランダムに散らばったカードの「特別な」並びよりももっと特別なところがある。結局エントロピーとは、無秩序の尺度というより、ランダムさの尺度なのだ。ただの言葉の遊びに見えるかもしれないが、実はもっと絞ったエントロピーの定義を示している。専門的には、相対的な「特別さ」の水準を表すために用いられる言葉は「アルゴリズム的ランダム性」という。

「アルゴリズム」という言葉は、計算論では、コンピュータプログラムの命令の並びのことを表すために用いられ、アルゴリズム的ランダム性とは、与えられたカードの並びを再現するためにコンピュータに教えることのできる最短のプログラムの長さとして定義される。たとえば、先の三枚だけのカードの場合、「2、3、4」の並びを再生するのには、「最小から最大へと並べよ」という命令が必要だが、「4、2、3」の並びには、「最大の数から初めて、それから小さい順に並べよ」のようなことになるかもしれないし、それならただ「最初は4、それから2、それから3」と具体的に言うのと変わりない。どちらにしても、この指令は最初の例よりもアルゴリズム的ランダム性がわずかに高く、したがって、「4、2、3」の並びは、「2、3、4」よりもわずかにエントロピーが高いのだ。

この点は、五二枚すべてを使うともっとはっきりする。コンピュータに順番に並んだ束を再

左側の五枚のカードの並びのほうが、右側の並びよりもエントロピーが低い状態にある。それは、この並びのほうが「特別」だからではなく、それを記述するための情報が少なくてすむからだ。

図 4.4　ランダム性としてのエントロピー

現するよう命令するのは比較的に簡単だ。「まずハートから初めて、エースを最大として、そのカードを昇順に並べなさい。それからダイヤ、クラブ、スペードの順に、同じことをしなさい」というぐあいだ。けれども、シャッフルしてできた、私の言う特別な並びを再現させるには、コンピュータをどうプログラムすればいいだろう。今度は実際に近道はないし、命令するとなると、それぞれの数とマークを指定するしかないかもしれない。「最初はクラブのキング、それからダイヤの2、それからハートの7……」のように。束が最大限の無秩序ではない場合、一部にシャッフルされていないカードの並びがあり、元の秩序が残っていて、それでプログラムの長さを節約できる——たとえば、スペードの2、3、4、5、6がまだそのまま並んでいたら、コンピュータに、一枚一枚のカードを指定するより、「スペードの2から始めて、四枚は同じマークを昇順にする」などと命令するほうが易しいだろう。

コンピュータ・プログラムの長さと言ってもあまりぴんとこないかもしれないし、実は、そういうアルゴリズム的ランダム性の定義なしでもすませることはできる。私たちの頭は、マクスウェルの魔物の頭と同じで、その根本のところでは、命令を実行するコンピュータにほかならないので、コンピュータのアルゴリズムという概念を、私たちの記憶力に置き換えることができる。私がでたらめにシャッフルしたトランプの束を相手に見せ、それからそれをマークごとに昇順に並べるよう頼むとしたら、この指示は特別で単純であり簡単に実行できるだろう（念のために言うと、偶然に任せてでたらめに無作為にシャッフルすることによるのではなく、カードをめくってしかるべく並べ換えてよいものとしている)。ところが、私が相手に、あなたが持っている束を、私がでたらめにシャッフルして得られた「特別な」並びと同じ順に並べてくださいと頼むとすると、相手はおそらく、自分の持っているカードの束を並べ換えてみるより前に、カードの順番を記憶するのはほぼ不可能だと思うだろう。基本的には、先ほどよりもカードの束の並びを再現するために必要な情報が、ずっと増えているのだ。そして、系についての情報が多いほど、その系を整理してエントロピーをたくさん下げることになる。

永久運動機関

歴史全体を通して、多くの野心ある人々が、いつまでも動きつづけて役に立つ仕事を生み出すことができる、あるいはもっと簡単に言えば、ただ動きつづけるだけのものだったとしても、使うより多くのエネルギーを生み出す、永久運動機関を発明しようと試みてきた。これはありえない。まず、科学で何かができないと言う場合には、いつも慎重になるべきだということを明らかにしておこう。何と言っても、熱力学の第二法則は統計学的なもので、それが教えてきたのは、コップの水からひとりでに角氷ができることはまったくありえないということではない。ただ、そういうことはきわめて可能性が低く、そんなことが起きるのを待とうと思えば、宇宙の年齢よりも長く待たなければならないことになりそうだ——だから、その可能性は排除できるのだ。通常、何かがありえないと言う場合、「自然の動き方に関する今の理解や、現時点で受け入れられている物理学の理論によればありえない」という意味で言われる。もちろん、私たちは間違っているかもしれず、だからこそ、そこにかすかな望みをかけて、ますます巧みな永久運動機関を設計しようとする発明家もいる。

そのような装置は主として二種類に分けられる。第一種永久運動機関は、熱力学の第一法則に反して、エネルギーをまったく投入しなくても仕事を生み出すもののことだ。熱力学の第一法則はエネルギー保存法則で、閉じた系では、新たにエネルギーを生み出すことはできないことを言う。何もないところからエネルギーを生み出すと説く装置は、この区分に属する。

第二種永久運動機関は第一法則には反しないものの、第二法則には反して、熱エネルギーを機械的仕事に変換するとき、エントロピーを減らすように行なわれる。できるかどうかが微妙なのは、よそでエントロピーが増えて補うことはできなくても減らすところだ。先にも述べたとおり、第二法則は、熱は温度の高いほうから低いほうへ流れるとも述べられる。そういうふうに流れるとき、エントロピーは上昇するが、この過程から役に立つ仕事が引き出せて、エントロピーを減らすこともできる。ただし、そのときのエントロピーが減少するのは、熱の移動によって生じるエントロピーの増大よりも大きくない範囲でのことだ。マクスウェルの魔物の設定のように、熱い物体から冷たいほうへの熱の流れを伴わずにエネルギーを引き出すことができる機械は、永久運動機関の試みとなる。

(a)「つりあい過剰」の車

この永久運動機関のアイデアは、八世紀のインドにさかのぼる。手の込んだ設計が多く唱えられてきたが、どれも基本原理は同じで、すべて同じ理由で失敗する。ここに示した形のものでは、右側のボール（「15分」と「30分」のあいだにある）は、外側に転がり、中心から遠くにあるおかげで、中央寄りのボールよりも、トルク（回転力）が大きくなっている。すると、右側のボールは左側のボールに勝って、それがゆっくりと回し始められれば、時計回りに続けて回らざるをえないのではないか。実際には、右側で動かし続けようとする大きなトルクを持ったボールよりも、回転に対抗する作用をする左側のボールのほうが必ず多く、結局、車輪は減速して停止せざるをえない。

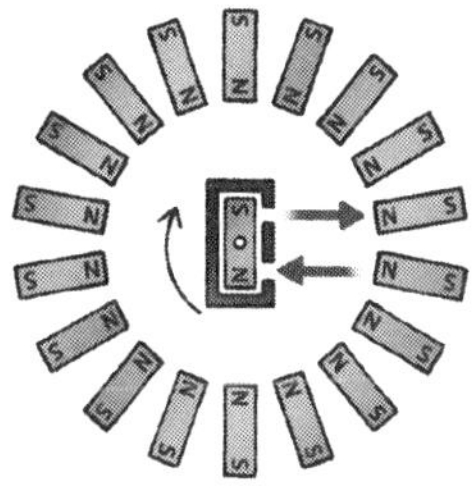

(b) 磁石モーター

こちらのみそは、中央にある磁石が、リング状に並んだ外側の磁石から遮断されているが、二か所だけ隙間があって、そこだけS極とN極がまわりの磁石の磁場を感じるというところにある。上側では磁石のS極がリングの内側にあるN極に引かれ、一方、下側ではN極が退けられる。両方で、磁石を時計回りに回転させるように作用する……永遠に。ここでの間違いは、磁場のはたらき方をめぐる誤解にある。実は、円の内側には磁場はない。この場合、地場は外側の磁石の対称的な並びによって相殺され、中央の磁石は回転力をまったく感じない。

図4.5　単純な永久運動機関

もちろん、多くの装置は、エネルギーをどこかわかりにくいところにある外部のエネルギー源、たとえば圧力、湿気、海流などからとって、熱力学の二つの法則を守っている。そういうものは、物理学の法則を破っているわけではなく、永久運動機関とは言わない。こちらについては、それを動かし続ける動力源をつきとめなければならないだけだ。

回転する車輪や揺れる振り子を含む装置など、ちょっと見には、エネルギー源がなくても永遠に動き続けるかのように見えるものもある。それは実際にはそうはならない。効率が良くて、最初に与えられたエネルギーを漏れにくくしているというだけだし、もちろん、その最初のエネルギーも与えてやらなければならない。実は、こうした装置もそのうち減速する。機械が一〇〇パーセント効率的であることはありえず、必ず何らかの形で減衰する。空気中でのあるいは可動部分の摩擦などで、これは接触箇所にどれだけ油を塗られようと生じる。

つまり原理的に言えば、エネルギーが周囲に散逸しないのであれば、永久運動機関はありうる。もちろん、そのような装置を作ってエネルギーを引き出そうとしたとたん、それは止まることになる。

マクスウェルの魔物と量子力学

マクスウェルの魔物をめぐる議論は、シラードの論文とともに終わったわけではなかった。今日の物理学者は、ずっと魔物を追いつめてきて、量子の領域の原子の規模で動作する奇妙な規則にまで達している。量子力学では、個々の分子の位置と速さを測定するという考えを議論するようになると、たちまち、私たちが得られる情報の量に関する根本的な問題に突き当たる。「ハイゼンベルクの不確定性原理」と呼ばれるもので、これは、粒子（つまり空気分子）がどこにあるか、それと同時にそれがどれだけの速さで動いているかは、必ずある程度ぼやけた形でしか測れないことを言う。さらには多くの人が、このぼやけこそが、つきつめると、熱力学の第二法則を残すのに必要なものだと論じる。

量子の世界は、永久運動機関の夢を持ち続ける人々にとっては最後の希望の砦となっている。この何年かのあいだに、これは真空エネルギーとか零点エネルギーと呼ばれるものを使えば可能ではないかという説が、いくつか出てきている。量子世界のぼやけたところのおかげで、何かが本当に静止しているとは言えず、あらゆる分子、原子、あるいはそれよりも小さい粒子は、絶対零度にまで冷やされたとしても、必ず最低量のエネルギーがある。これが「零点エネルギー」と呼ばれる。これは空っぽの空間の真空にまであてはまる。量子物理学によれば、宇宙全体が「真空エネルギー」に満ちていて、これを取り込んで利用できるはずだと考えている人は多い。それでも、そのようなやり方は、空気分子の区画のときに遭遇したのと同じ難点にぶつかる。真空エネルギーは均一に広がっているので、それを引き出して利用するどんな方法も、引き出せるよりも多くのエネルギーを使わざるをえない。均等に分布する真空エネルギーは自由に取り入れられるわけではない。容器の二つの区画間に温度差が生じるには、何らかの手助けをする必要があるのと同じことだ。

その手助けは、マクスウェルの魔物の頭にあったように、情報の形で入ってきてもいいが、そもそもその情報を手に入れるのにエネルギーが必要となり、これには、他のところでエントロピーが上がるという対価がある。

熱力学の法則を出し抜くことは決してできない。そのことはつねに忘れないこと。

おっと、忘れるところだった。この章の最初で、熱力学には四つの法則があることを紹介したが、残りの二つがどういうものか言っていなかった。そう固唾を呑むほどのことでもないが、熱力学の第三法則は、「完全な結晶のエントロピーは、その結晶の温度が絶対零度になると、ゼロになる」ことを言う〔エントロピーの基準値を定めるものだが、つまるところ、何ものも絶対零度には達することはできないことを意味する〕。第四法則については、おもしろいところと言えば、他の三つよりだいぶ後に出てきたものなのに、もっと基礎的で根本にかかわることなので、第四法則とは呼ばれず、第零法則と呼ばれることだ。他の三つよりも先に出てこなければならないからだ。それは、二つの物体が第三の物体と熱力学的に平衡状態にある場合（「温度が同じ」ということの科学的な言い方）、二つの物体どうしも平衡状態にあるということだ――そんなにわかりにくい話ではない。この法則に「ゼロ」番が与えられるのは、他のもっと重要な法則が確立しているので、今さら番号を変えられないからだ。そんなことをしたら混乱の元だ――そんなことにしたいとは、誰も思わないだろう。

第5章

小屋の中の長い棒のパラドックス

棒の長さは？　それは動く速さにもよる

このパラドックスについては、大学で物理学科にいる、あるいは在籍したという人でもないかぎり、聞いたことがない可能性が高い。これはアインシュタインの相対性理論を教えるために使われる教科書用の、ひとにぎりの有名な例の一つだからだ。この例は、相対性理論が空間と時間について出す予測のある奇妙な面を浮かび上がらせる。それでもこのパラドックスは、物理学者ばかりを楽しませておくにはもったいないので、ここでそれを披露して少々楽しんでもらうことにする。ただし、ひとこと注意を。このパラドックスは、さっさと内容を述べて、関連する物理、この場合は相対性理論を少しばかり説明すれば、物理学の予備知識がなくても、すべて明瞭になるというものではない。そこでまず、いくらか物理学の話をしておく。でないとパラドックスを納得のいく形で立てることもできないし、ましてや解決もできない！

とはいえ、それぞれのパラドックスについてまず概略を述べて、これからどういうものと出会うのかを知らせるというのが約束なので、そこで以下にそれを述べる——抱いた疑念を忘れないでいただきたい。アインシュタインの世界にまっこうから飛び込もうというときには、それが役に立つはずだ。

棒高跳びの選手が、ポールを地面に平行に持って猛スピードで走る——ここでの話を有効にするには、この選手が光速に近い速さ〔以下「亜光速」とする〕で走れると仮定しなければならない。選手は小屋に向かって走って行く。小屋の奥行きはポールの長さに等しい。選手は走りはじめる前に、小屋の壁にポールを当てて測っていたので、そのことを知っている。小屋の表と裏の扉は開いていて、選手は減速せずに走り続ける。相対性理論の知識がなければ、ポールの後端が小屋に入った瞬間、一方では、同時にポールの前端が小屋から出ようとしているものと思うだろう。

選手がふつうの人間の速さで走っているのなら、それで何の問題もない。けれども今は違う。選手は亜光速で走っている。そこはアインシュタインの相対性理論から、ありとあらゆる奇妙で驚異の物理的結果が予想され、それがあらわになる世界だ。その一つ——今回の話の中心にあるもの——では、猛スピードで運動する物体は、静止しているときよりも短く見えるという。当然、「なるほど。要するに、棒は猛スピードで通り過ぎるので、先端が達した地点で時刻を計った頃には、後端は前に進んでいるので、短くなったような印象になるんだ」と思われているかもしれない。しかしそういうことではない。そういう単純な話だったらいいのだが。

ミサイルを発射するとしよう（前もって測ったら、長さはちょうど一メートルだった）。亜光速で飛び、固定したメジャーに沿って飛んでいるところを写真に撮ると、その長さが一メートルもない——どれだけ短いかは速さによって決まる。光速に近くなるほど、縮むことになる。このことについては後でもっと詳しく立ち入るが、今は小屋の中の長い棒の話に戻ろう。

繰り返しておくと、相対性理論によれば、小屋の中で棒高跳びの選手が走り抜けるのを見た場合、ポールは小屋の長さよりも短くなっている。ポールの後端は、ある時点で小屋に入るが、先端が反対側から出るのはその後になる。ほんの一瞬でも、ポール全体が小屋の中に収まることになる。

実に奇妙だが、これだけではまだパラドックスではない。相対性理論からは、他にも重要なことがわかるからだ。実は、そのことこそが、この理論の名になっている。あらゆる運動は相対的なのだ。その考え方そのものは、アインシュタインよりもずっと前からあって、そこには本当におかしなところはない。自分が列車に乗っていて、その席の横の通路を別の乗客が歩いて、列車の進行方向に通り過ぎるとしよう。二人とも列車と一緒に動いているので、その乗客は、列車が止まっているときと同じ速さで通り過ぎている。ところが、この列車が駅を通過する瞬間には、プラットフォームにいる人からも、列車の中を歩いている乗客が見える。プラットフォームから見れば、その乗客は、歩く速さと、それよりずっと速い乗っている列車の速さが合わさった速さで通り過ぎる。そこで問題。列車内の乗客はどれだけの速さで動いているか。列車内で見ている人に対して歩く速さか。それともその速さにプラットフォームの観測者に対する列車の速さを足したものか。

答えは見る人によって決まると言っても、変な感じはしないだろう。速さは絶対ではなく、速さを測定する人の運動状態によって決まるのだ。同様にして、自分が列車に座っているとき、その列車そのものは止まっていて、外のプラットフォームが逆方向に動いているのだと言うこともできるだろう。そこまで言うとやりすぎに思えるかもしれない。確かに、本当に動いているのは列車だと言うほうが正しいからだ。けれどもこういうことを考えてみよう。列車が時速一六〇〇キロで（現実的な速さではないことはわかっているが）東から西へ走っているとしたらどうなるか。見る人が宇宙空間に浮いているとしたら、何が見えるだろう。地球が時速一六〇〇キロほどで列車とは逆の方向に自転しているのが見えるはずだ。地球が毎日一回自転するには、それだけの速さが要る。宇宙から見れば、列車の下の地面の回転が列車の動きと合っていて、動いていない――ランニングマシンの上で走っている人を見ているようなものだ。では、動いているのは列車か、地球か、どちらだろう。おわかりだろうか。運動はすべて相対的なのだ。

さてと。ここまでのところは納得してもらえたと思う。そこで小屋の中の長い棒の話に戻ろう。ポールを持って走る選手の側から見ると、現実とはかけ離れた速さで走っているとはいえ、自分や持っているポールは止まっていると見て、小屋のほうが亜光速で自分に向かってくると見なすことができる。相対性理論はこの点について実にはっきりしている。選手からすれば動いているのは納屋で、そちらが短縮されていると見なされる――もちろん、ポールよりもずっと短くなっている。つまり、選手にとっては、ポールの後端が小屋の表口を通過する頃には、前端はとっくに小屋から出ていることになる。もちろん、一定期間、棒の両端が小屋から突き出ていた。

そこにパラドックスがある。小屋の中で見ている側からすると、短くなったポールが小屋に入り、ポールは小屋の奥行きよりも短いため、ほんのつかのまではあっても、ポール全体が小屋に収まったとき、（しかるべきボタンで）小屋の両側の扉を二つとも閉めることができる。ところが選手のほうから見ると、ポールは小屋よりも長い――長すぎて、小屋の中にすっぽり収まることはありえない。どちらも正しいなんて、ありえないと思われるだろう。それでも、確かに両方とも正しい。これが「小屋の中の長い棒のパラドックス」で、本章では以下、それを解決するとともに、そもそも相対性理論が、このようにややこしいジレンマを押しつけてくる事情や理由も説明する。

とくにこのパラドックスを解決するには、アインシュタインの相対性理論にもあえて踏み込まなければならない。アインシュタインが一〇〇年以上前に通った道をたどることによって、論理の順を追って目的地に達することにする。

あらかじめ隠さず言っておくと、もちろん数式を使ったり、細かいグラフを描いたりして相対性理論の基礎を教えようというつもりはなく、原理的にはパラドックスの答えに向かってジャンプするだけですませられるだろうし、長い話を短くして超高速で進める作業については、読者も喜んで私のことを信用してくれるものと思う。その一方で、説明をはしょりたくないとも思っている。そこで選択してもらおう。第一の選択肢。読者が、以下の二つのいずれかなら、途中を飛ばして、このパラドックスに説明をつけているこの章の最後まで進んでほしい。

(a)すでに特殊相対性理論についてある程度知っている
(b)アルバート・アインシュタインがそう言っているのなら、それで十分だと信用する

もう一つの選択肢は、論証を、丁寧に、また穏やかに案内してもらうこと。長い目で見れば、後

者を選んでいただくのにも値打ちがあるだろう。次の第6章と第7章では、空間よりも時間の性質にかかわるパラドックスを取り上げるが、そちらでも、ここで説明することに依拠することになるからだ。また、最善をつくして、あまり難しくなく、またたぶんおもしろくもすることを約束する。何と言っても、特殊相対性理論は物理学の中でも美しい理論に数えられるものなのだ。

光の性質に関する教え

一九世紀の末にもなると、光が波のようにふるまうことは明らかになっていた——音と同じ、ただはるかに速いだけだ。以下の話を理解するためには、波の重要な性質を二つ知っておかなければならない。まず、波はそれが伝わるための何らかの媒質を必要とする。「波立つ」、あるいは振動する何らかの「物」だ。音がどう伝わるかを考えよう。人が隣にいる人に向かって話すとき、話し手の口から出る音波が空気中を伝わって受け手の耳に届く。振動して音のエネルギーを伝えるのは、空気の分子だ。同様に、海面に立つ波には水が必要だし、ロープを張って一方の端をひゅんと振ると「山」ができて伝わるが、これもロープが必要だ。

明らかに、波を伝える媒質がなければ波もないことになる。だから、一九世紀に光は電磁波だということが明らかになると、やはりそれが伝わる媒質が必要だと物理学者が考えたのも無理はない。誰もそのような媒質を見たことがなかったので、それを検出するために何かの実験を試みることが必要だった。それは「発光性（光を伝える）エーテル」と呼ばれ〔以下、単に「エーテル」とする〕、その存在を証明するために、大いに力が注がれた。もちろん、このエーテルには一定の性質がなければならない。たとえば、遠くの星の光が真空の宇宙空間を通ってこちらまで届くために、銀河系全体に浸透していなければならない。

一八八七年、オハイオ州の大学で、二人のアメリカ人物理学者、アルバート・マイケルソンとエドワード・モーリーが、科学史でも有数の有名な実験を行なった。二人は光のビームが一定の距離を進むのにかかる時間を正確に測定する方法を考案していた。とはいえ、二人が発見したことを解説する前に、触れておかなければならない波の性質がまだある。それは、「波が伝わる速さは波源が動く速さには左右されない」ということだ。

近づいてくる車の音を考えよう。音波は車より速いので、車より前に耳に届くが、音の速さは振動する空気分子が音波を伝える速さによって決まる。動く車の進行方向に「後押し」されるおかげで速さが増すわけではない。実際には、車がこちらに近づくにつれて、車とこちらの距離が圧縮され、波長が短くなる（周波数が高くなる）ということだ。これはドップラー効果と呼ばれ、救急車が近づいてきてそれから遠ざかるときのサイレン音や、コースを走り抜けるレーシングカーのエンジンの轟音の高さが変化することでおなじみだ。つまり、音波の「周波数」は波源の速さと、それが聞き手から遠ざかるか近づくかに左右されるが、当の波の速さ――こちらに届くまでの時間――は変化しない。

ところが、大事なことに、車を運転するほうの視点から考えると、事情はまったく違ってくる。エンジンから出る音は車からあらゆる方向へ同じ速さで伝わる。すると、車の進行方向に遠ざかる音波は、真横に進む音波よりも進む速さが遅くなる。音波が車の前方へ進む速さは、空気中の音波の速さと車の速さの差になるからだ。

マイケルソンとモーリーは、この原理を光の波にあてはめた。二人は巧みな実験を考案した――初めてエーテルの存在を確認して検出する実験だと、確信していた。二人はまず、地球が太陽を公転するとき、時速およそ一〇万キロもの速さでエーテルを通り抜けていると仮定した。実験室で実験を行ない、二本の光のビームを、距離は等しいものの方向を変え、一方は地球が公転する進行方向、もう一方はそれに直角の方向という異なる経路を進ませ、それにかかる時間を、ものすごい精度で測定した。地球上の実験室に収まって光の速さを観察するのは、車の運転席にいて、車の進行方向の音について測るか側面方向の音について測るかで音の速さが違うのを観察するようなものだ。

マイケルソンとモーリーが論じるところでは、エーテルが存在するとすれば、地球はそれを自由に通り抜けていなければならず、したがって、光が進む方向が違えば、同じ距離を進むのにもかかる時間の長さが異なる。運動する地球に対して進む光は、二つの方向で速さが異なるからだ。光の速さは秒速三〇万キロで、これは地球が公転する速さの一万倍の速さだが、二人が使った干渉計と呼ばれる測定装置は、最後に二本がまとめられたとき、互いに干渉する様子を調べることによって、二本の光の移動時間の差を検出できるだけの精度があった。

ところがそのような差は見つからなかった。

二人の実験が生み出したのは、科学の世界では「非存在結果《ヌル・エフェクト》」と呼ばれるものだった（レーザー光線を使ったもっと正確な多くの実験で、何度も繰り返して確かめられている）。世界中の物理学者はその結果を理解することができなかった――実は、マイケルソンとモーリーは何か間違ったのだと思っていた。この二本の光のビームが同じ速さだなどということがどうしてありうるだろう。

「すべての運動は相対的だ」という原理はどうなったのか。

これでは少々わかりにくいことはわかっているので、できるだけ明瞭に言ってみる。先ほどの、列車の中を歩いている乗客の例を思い出そう。マイケルソンとモーリーの出した結果は、列車の通路を歩いている乗客が進む速さについて、動いている列車に乗って見ている人とプラットフォームで列車を見ている人の両方が、同じ答えを出すというのと同じことになる。ばかげた話ではないか。もちろん、先に説明したように、同じ列車に乗った人から見れば、乗客は歩く速さで進んでいるように見えるが、プラットフォームで見ている人からすれば、列車の速さプラスアルファで風のように通り過ぎるように見える。

アルバート・アインシュタインがドイツのウルムという町で生まれたのは、マイケルソンとモーリーがその困ったことを発見するより八年前のことだった。それと同じ年の一八七九年、マイケルソンは首都ワシントンにある米海軍天文台に勤めていて、光の速さを一万分の一ほどの精度で測定していた。光速の測定をしたのはマイケルソンが初めてではないし最後でもないが、モーリーとともに有名な実験を行なったときには、その経験が大いに役に立つことになる。幼いアインシュタインはと言えば、もちろんマイケルソンとモーリーが世界に向けて発表した驚きの結果については何も知らなかったが、それでもまもなく想像上の実験を考えて、自分でも光の変わった性質について考えるようになった。考えたのは、自分が光の速さで飛ぶことができたとして、自分の顔の前に鏡を置いたら、それでも自分の顔が見えるかということだった——自分の顔から出た光は、やはり光の速さで動いている前方の鏡に届くかということだ。何年も考え続けたことが、一九〇五年、まだ二十代半ばのときの特殊相対性理論に結実した。突然、マイケルソンとモーリーが出した結果が見事に理解

光速で飛んでいても、アインシュタインには鏡に映った自分が見えるか。

図 5.1　若い頃のアインシュタインの研究

できるようになったのだ。

アインシュタインがこの理論を発表するまで、物理学者はマイケルソンとモーリーによる結果を否定するか、それに合わせて物理学の法則を修正しようとするかだったが、うまくいかなかった。光は粒子の流れのようにふるまうと論じようとしたが（それでも結果に説明はつくからだ）、実験は明らかに、正確な到着時間を測定する手段として、二本の光のビームの重なり方を用いていて、光の波としての性質を検出するようにしつらえられていた。いずれにせよ、光が粒子でできているなら、粒子には伝わる媒質は要らないのだから、そもそもエーテルも要らないことになる。

すべてが一九〇五年に変化した。アインシュタインの理論全体は、相対性の公準〔理論の出発点として成り立つものとする前提〕と呼ばれるようになる二つの考え方に基づいていた。一方は昔からあるもので、あらゆる運動は実は相対的で、いかなるものも、本当に静止しているとは言えないということだった。つまり、自分が本当に動いているのか静止しているのか、区別するために行なえる実験はないということだ。第二の公準は、最初は何をばかなことをと思われるようなものだが、それが革命的だった。アインシュタインは、光には確かに、速さは波源の速さに左右されないという（車から出る音波のような）波としての性質があることを言った。ただそれと同時に、光は音とは違い、伝わるための媒質を必要としない。つまりエーテルは存在せず、光の波は、本当に空っぽの空間を伝わることができるという。

ここまではいいだろう。何のパラドックスもない――これらのどうということのない公準のいずれにも、支持しにくくなりそうなものは何もないと思われているかもしれない。確かに時間と空間の見方に革命を起こす発言に思えるようなところはない。しかし実は革命的なのだ。どちらの公準も、それだけならどうということはない。アインシュタインの考えがどれほど深いかがわかるのは、この二つが組み合わされたときだ。

おさらいしよう。光源からこちらに届く光は、光源が動く速さとは無関係に同じ速さで進む。これは音などの他の波と同じで、そこには何の問題もない。ところが、光には、速さを測るときの基準となる、伝わる媒質がないので、誰も宇宙の中で特権的な立場がなく、私たちの運動の状態と無関係に、光はいつでも同じ速さ（時速一〇億キロほど）だと測定することになるはずだ。そこで事態はおかしくなってくるので、このことが意味することを解説しよう。

宇宙空間で二機のロケットが猛烈な速さで向かい合って飛んでいるとする。ロケットのエンジンが切られ、一定速度で「巡航」するだけになると、どちらのロケットでも、搭乗員は自分たちが本当に相手に向かって動いているのか、一方のロケットは止まっていて、他方が近づいているのか、決められなくなるだろう。実は、運動は必ず他の何かに対するものでなければならないので、動いているか静止しているかというのはない。近くの星や惑星を基準点にしても無駄だ。その星や惑星さえ静止しているとは誰も言えないからだ。

そこで、一方のロケットの搭乗員が相手のロケットに向かって光のビームを発して、それが自機を出るときの光の速さを測る。こちらが止まっていて、相手が動いているのだと正当に言うことはできるので、光がいつもの時速一〇億キロで進んで行くのが見えるはずだ。同時に、相手側の搭乗員も正当に自分が静止していると言うことができる。そちらでは届く光がやはり時速一〇億キロと測定し、光の速さは光源がどれだけの速さで近づいてくるかには関係がないので、これはまったく意外なことではないと述べる。まさしくそういうことになる。逆説的なことに、どちらが測定しても、光の速さは同じになるのだ。

これはびっくりで、常識には反する。双方が亜光速で相手に向かっているというのに、どちらの搭乗員が測っても、同じ光のビームが同じ速さで進んでいる！

先へ進まなくても、これでアインシュタインの鏡に関する疑問には答えが出る。アインシュタインがどれだけの速さで進もうと関係なく、鏡には相変わらず、自分の姿が映っているのが見えるだろう。それは、アインシュタインがどれだけの速さで飛んでいようと、光が自分の顔から鏡へ向かい、はね返って戻ってくるときの速さは、動いていないときとまったく同じになるからだ。要するに、アインシュタインがそんなに速く飛んでいると言える人はいないのだ。あらゆる運動が相対的というのはそういうことだ。

これには支払うべき対価があり、時間と空間のあり方についての見方を解体しなければならなくなる。光が、観測者が互いに対してどれだけの速さで動いていようと、全員にとって同じ速さで進むとすれば、観測者が測定する時間や距離が異なるとするしかない。

それはただの机上の空論で、結局間違っているということになるのではないかと言われる前に、これは一〇〇年も前から検討、検査されてきて、その効果はあたりまえに見られていることを強調しておかなければならない。私は個人的にもそれが正しいことを請け合える。多くの物理学の学生と同じように、大学で、ミューオン（ミュー粒子）と呼ばれる、宇宙線（宇宙空間から飛んで来た高エネルギーの粒子で、これが大気圏上層にいつも衝突している）によってできる粒子に関係する実験を行なったことがあるからだ。ミューオンは、宇宙線が空気の分子と衝突することで生まれ、それが地上に降ってくる。私が学生時代に実験室で実験したことは、この粒子を特殊な検出装置で捕らえ、数えることだった。ミューオンは一秒の何分の一というわずかな時間しか存在せず、すぐに消滅してしまうことはわかっていた――実験で念入りに測定したことだ。一般的に、この寿命は、長短のばらつきはあるが、二マイクロ秒ほどしかない。

ミューオンはきわめてエネルギーが高く、光の速さの九九パーセントにも達する速さで地表に向かって来る。ところが、この速さでも、地表までの距離を進むには、ミューオンの寿命の何倍もかかることになる（ミューオンの速さと、飛んで来たおおよその距離から計算できる）。したがって、その道のりを踏破できる例外的に寿命の長いわずかな数しか検出できないはずだ。ところが、

距離の短縮

ミューオンのほとんどすべてが軽々と地表まで届き、消滅する前に検出器を作動させることがわかる。高速で飛ぶミューオンは、何らかの理由で静止しているミューオンよりも寿命が延びることが考えられるかもしれない。けれどもアインシュタインは、その説明は間違いだと言う。あらゆる運動が相対的なので、運動するミューオンは、地球の表面に対して動いているというのにすぎない。

　そこでやっと清算となる。ミューオンの視点からはどうなるか、考えてみよう。ミューオンが話せたら、確かに光の速さの九九パーセント以上で飛んでいる——あるいはむしろ、地面が光の速さの九九パーセント以上で迫ってくると教えてくれるだろう。そして、それだけの距離を進むだけの時間もあるらしい。実は、ミューオンの視点からすると、地面に届くまでにかかる時間は短くなって、短い寿命でも十分に範囲内ということになる。つまり、ミューオンにとっては、地上にいる私たちよりも、時間の進み方が遅いと考えざるをえない。結局、まさしくそのとおりなのだ——ただし、この時間の減速についての詳細に入るのは、次章まで先延ばしにしておく。ここでは、超えなければならない論理のハードルがもう一つだけある。こんなことを考えてみよう。まず、ミューオンとのあいだに、ミューオンが飛ぶ速さ（もう少し正確に言うと、ミューオンとこちらとが互いに近づく速さ）について合意をとりつける。次に、ミューオンは、その道のりにかかる時間がこちらで考えているよりも短いと言う。帳尻を合わせるには、ミューオンが進む距離が短くなっていると言わざるをえない。つまり、合意したある一定の速さで動けば、ミューオンは動いていないときよりも短い時間である距離を進めるとすれば、ミューオンはその距離を、こちらで見ているよりも短いと見ているにちがいない。

この高速移動の性質は、長さの収縮と呼ばれる。それは、高速で運動する物体は、同じ物体が静止しているときよりも短く見えるのと同じで、高速で動く物体の視点から見ると、進むべき距離も短く見えることを言っている。

銀河旅行

このことから、小屋の中の長い棒のパラドックスに戻る前に手短に調べておくに値する、興味深いことが導かれる。第3章でオルバースのパラドックスを紹介したとき、私は、地球にいちばん近い恒星は数光年離れたところにあると言った。つまり、光の速さで移動できるとしても、そこまで行くには何年かかかるということだ。そう思うと少々がっかりする。私たちは太陽系に閉じ込められていて、現実味のある訪問先としては太陽系の他の惑星しかなく、それより先へ行くのは時間がかかりすぎるということになるからだ。もっと遠くの星へ行くとなると無理な話で、ましてやはるかな銀河へとなると、まず問題外だ——何と言っても、他の銀河となると光でさえ何万年、何億年とかかるのだ。

そこで、光の速さに達しなくても、宇宙の反対側まであっというまに行けるとしたら、どういうことだろう。ＳＦだろうか。そんなことはない。私たちをとどめるのは、亜光速で飛べるロケットがなく、また決してそれは持てそうにないという事実だ。けれどもできるとしてみよう。そのからくりは、ミューオンの例とまったく変わらない。ミューオンの視点からすると、地面までの距離は私たちが見るよりもずっと短いように、遠くの星へ亜光速で向かう宇宙船に乗った旅行者も、そこまでの距離が圧縮されて見えるだろう。

長さが何万光年もある棒があって、それで地球と遠くの星がつながっているとしよう。宇宙船に乗った人々は、あらゆる運動が相対的なので、亜光速で飛んでいるのは自分たちではなく、この棒のほうが逆方向に飛んでいると言うこともできる。そちらの視点からすると、宇宙船のほうが静止していて、高速の棒が通り過ぎているのを見ることになる。そこで棒の長さが短くなったと見る。つまり、それを通過するのにはそれほど時間はかからない——目的地に達するまでの時間もそうは長くないだろう。

相対性理論が教えてくれるのは、光の速さに近づくほど長さの縮み方も大きいということだ。つまり、たとえば一〇〇光年の距離も、始点や終点に対して光速の九九・九九パーセントで動いている旅行者に対しては、わずか一四光年にしか見えない。光の速さの九九・九九パーセントで飛んでいる旅行者に対しては、この距離はわずか一光年に見えてしまう（したがって、旅行時間も、宇宙船が光速とほぼ同じとして考えているので、わずか一年ほどとなる）。そして、宇宙船がさらに光速に近づいて、たとえば九九・九九九九九九九九パーセントになると、一〇〇光年の距離も二日とかからず進めることになる。

念を押しておくと、ここでは物理法則はまったく破られてはいない。光速に近づくにつれて、目的地に達するのにかかる時間は短くなるが、それは速くなるからではなく（光の速さの九九・九九九九九九九パーセントは、九九・九九パーセントと比べて、そんなに速いわけではない）、光の速さに近づくほど、距離が短くなるように見えるからだという点は理解していただいているものと思う。距離が短くなれば、かかる時間も少なくなる。

では、対価はあるだろうか。宇宙船に乗っている人からすると、「縮んだ」距離を進むということは、経過する時間が少ないということで、旅行は早く終わる。二日で一〇〇光年進むとしても、そこに着いたときには二日ぶん年をとることになる。ただ、地球上での時間の経過と比べると、時間はずっと遅く流れていることを忘れないようにしよう。地球上のみんなからすると、宇宙船は亜光速で一〇〇光年進まなければならず、その旅行には一〇〇年かかる（あるいは、光速をわずかに下回るので、時間はそれをわずかに上回る）。つまり、「宇宙船時間」の二日が「地球時間」の一〇〇年に相当する。さらに悪いことに、到着したときに着いたという信号を地球に送ると、その信号が届くのにはさらに一〇〇年かかる。つまり、目的地に無事到着したという最初の知らせは出発してから二〇〇年たたないと届かない。

ここで学ぶべきことは、光速に届かなくても、宇宙を好きなだけ遠くへ、好きなだけ短い時間で旅行することはできるが、地球に戻ったとき、家族や友人がまだ生きているとは望めないということだ。

この話に魅了されつつも困惑して締めくくろう。宇宙を光線のように飛び回るとはどういうことなのかを考える。実は、これには相対性理論が意味することを、その論理的な帰結まで推し進めなければならない。光線に乗ることができたとすれば、進むべき距離は、宇宙全体であったとしてもゼロになる——それはそれでかまわない。時間そのものが止まるのだし、距離がゼロになれば、かかる時間もゼロになるのだ。これもまた何物も光の速さに達することはできない理由だ。あまりにばかげていて、考える余地もない。けれども、光は何の問題もなくそうしているらしい——それがどんな感じか教えてくれる光もいないというだけのことだ。

このことについては次章でもっと調べて見ることにして、この寄り道に別れを告げ、当面、小屋の中の長い棒のパラドックスに戻ることにしよう——それを解決できるだけでなく、そもそもそれがなぜパラドックスなのかもわかるだろう。

あらためて、小屋の中の長い棒

これで、亜光速で動くとき、長さの収縮について相対性理論が予測することが完全に頭に入ったので、あらためて問題を立てておこう。自分は小屋の中にいて、棒高跳びの選手が猛スピードでこちらへ走ってくるのを見ている。静止しているときは、ポールと小屋の奥行きは同じ長さだということはわかっている。けれども、今はポールが動いていて短くなったように見えるので、結果としてポール全体が小屋にすっぽりと収まる。実際、自分が素早く動けば、ほんの何分の一秒かでも、小屋の正面の入り口と裏口の両方を閉め、ポールを小屋の中に閉じ込められる時間がある。

とはいえ、選手の側からも状況を見なければならない。そちらからすると、ポールが動いているのではなく（ポールは選手に対しては動いていないという意味で）、小屋が急速に近づいてくる。選手は前後に押し縮められた小屋が自分に向かってくるのを見ている。小屋を走り抜けるとき、ポールの前端は、後端が入り口を通る前に、小屋の裏口から突き出る。だから、両方の扉を一度に閉めるなど、ありえないことになる――ポールは長すぎて中に収まらない。

これは錯視のたぐいだろうか。それとも物理的に実在する結果なのだろうか。何と言っても、自分と選手の両方が正しいというのはありえない――小屋の両方の扉を同時に閉じることができるか、それともできないか、いずれかだ。

パラドックスというのは、本章の最初にも述べたとおり、実は両方とも正しいところだ。相対性理論は、「猛スピードで運動する物体は短くなって見える」と「あらゆる運動は相対的だ」という二つの命題を元にして、まさしくそうなると教えてくれる。

答えは何が同時の出来事かというところにある。小屋の中で見ている人は、小屋の両側の扉を同時に閉めて、ポールを閉じ込められると私は言った。もちろん、すぐに小屋の裏口をすばやく開けて、ポールが激突しないようにする。ただそのことはどうでもいい。大事なのは、ほんのつかのまでも、両方の扉が同時に閉まっているということだ。ところが、選手のほうから見ると、事態は以

(a) ポールが小屋に対して動いていないときは、小屋の奥行きとポールは同じ長さ。

(b) 小屋の中にいる人にとっては、猛スピードのポールは短くなって、すっぽり小屋の内側におさまる。

(c) 走っているほうからすると、縮んで見えるのは小屋のほう。したがってポール全体が小屋の内側に収まることはありえない。

図 5.2　小屋の中の長い棒のパラドックス

下のように展開する。選手が小屋に入ると、ポールの正面が裏口のドアに達する前に、わずかな時間のあいだ、その扉が閉まっているのが見える。一瞬の後、それがまた開いてポールは無事通過できる。それからまもなくして、ポールの後端が小屋に入り、表の入り口が閉まる。つまり、選手は後で戻って来て、記録をこちらと照合すると、確かに扉は両方とも閉まっているが、同時ではない――同時に閉まるのは、いかに短い間でも、無理だったはずだ。

この、互いに対して運動する観測者ごとに、出来事の継起が違うように見えるのも、アインシュタインの相対性理論から導かれる帰結だ。そして、すでにお目にかかった他の奇妙な結果と同じく、これもただの理論的予測ではなく、実際にそうなることだ。けれども、時間の進み方が遅くなったり長さが縮んだりするのと同じく、日常的な場面で遭遇するようなことではない。そうなる理由は単純なことで、亜光速で移動することはまずないからだ。たいていの人にとって、最高速で動いた瞬間といえば、飛行機に乗っていたときだろう。ジェット機の巡航速度は時速一〇〇〇キロをちょっと下回る程度だ。これは光の速さと比べると一〇〇万分の一ほど。先のような「相対論的」効果は、これほど遅い動きのときは、なかなか検出できない。

疑うのはわかる――そして、率直に言って、読者の方々がこんな相対論的な話を心から信じるようになっていない（あるいはもしかすると私の話は迷惑なことで、みんなこの説明にうんざりしているかもしれない）ことに、傷つくこともある。それでも悪魔の弁護士役を演じさせてもらい、問題をもっと本格的にしてみよう。先に私は、互いに対して運動していないときには、ポールも小屋の奥行きも同じ長さだと言った。つまり、原理的に、相対論的な長さの収縮などなかったとしたら、運動するポールはほんの一瞬でも、小屋の中に収まることになる。しかしポールが小屋の奥行きの二倍の長さだったらどうなるか。それでも当然、先と同じ論法が成り立つ。小屋の中に立って見ている人からすると、ポールの速さが十分にあれば、小屋の中にすっぽり収まる長さにまで縮んで見えることになる。さっきはこの点がよく見えなかったとしても、今度はわかるだろう。この短縮は、錯視のたぐいではない。ポールが短く見えるというだけのことではない——小屋で見ている方からすると、実際に短いのであり、両方の扉を同時に閉じることができる。けれどもこのポールの収縮が本当に起きているなら、ポールを構成する原子がつぶれてしまっているということだろうか。もっと言えば、ポールを持って走る人もこの収縮を免れず、走っているときの選手はぺしゃんこに見える。本人はそれで不快に思わないのだろうか。そんなことはなく、選手は別に変わったことは感じない（これだけ速く走っているのだから、息は切れるだろうが）。選手からすれば、ぺしゃんこになっているのは、ぺしゃんこになった小屋で見ている人のほうだ。あちらからすれば、動いているのはこちらで、見ているほうが小屋とともに、選手の方に向かって移動している。

だから、選手はつぶれたとも思わず、持っているポールは走る前と同じ長さに見えているとすれば、もちろん、小屋にいる人が見る短いポールはただの錯覚だ。

これを確かめてみよう。小屋の裏には扉がなく、ただ硬い壁だけだとしたらどうなるか。選手の安全については心配しないことにする。選手が亜光速で走れるという前提を受け入れているなら、壁に達する前に安全に急停止可能と信じることもできるだろう。

　あらためて二つの視点から、事態がどう進行するかを考えてみる。小屋で見ている人にとっては、小屋の表の扉は、短くなったポールが完全に小屋に入ったときに閉めることができて、これは前端が壁にぶつかるより前のことだ。

　ところが選手の座標系では、ポールの先端が壁にぶつかった後に、ポールの後端が小屋に入る。ポールと壁の両方が十分に強くて衝突に耐えられ、そのまま残ると仮定して、ポールの後端が小屋に入って扉が閉められるというのはどういうことだろう。今度は、ただの出来事の継起よりも重大な問題がつきつけられているようだ。まるで、ある出来事――ポールが入ってから扉を閉める――が、選手からするとそもそも起こらないかのようだ。確かにこれで本当のパラドックスができた。これはアインシュタインとその理論を追い詰めることではないか。

　実際にはそうではない。文句なく妥当で正しい説明がつく。走っているほうの座標系では、ポールの先端は確かに壁に当たるが、ポールの後端はこの出来事には気づかない。相対性理論によれば、本当に硬いもの〔剛体〕というのはありえないからだ。何ものも光より速くは動けないので、ポールの先端は、それが突然停止したという情報（棒を伝わる衝撃波など）を、まだ前と同じ速さで動いている後端も止めるほど速くは伝えられない。要するに、ポールの後端は、ポールの先端が突然止まったことに気づかない。それは猛スピードで動きつづけ、先端が止まったという情報が届くころには、後端はすでに小屋に入り、扉を閉じることができる。

ポールは小屋の中にあまり長くいられないので、扉はすぐに再び開けられるようにしていなければならない。選手が小屋の中で突然止まったとたん、選手も見ているほうも、本来の棒の長さ（つまり動いていないときの長さ――相対性理論では「固有長」と呼ばれる）が見えるようになる。また、今の例では、ポールの長さは小屋の奥行きの二倍だと言ったことも思い出そう。選手は今や、ポールのいろいろな部分が止まったとなると――完全な剛体はありえないことも忘れずに――棒が固有長に戻ることについて、見ているほうと見解が一致する。ポールの先端は壁に阻まれ、もう先へ進めないので、ポールの後端もただちに後ろに伸びて、再び開けられた小屋の表の入り口から出て、棒の半分がまた突き出た状態になる。

ここでは詳しくは述べないが、言及するに値する分かりにくい点がもう一つある。これまで述べてきたことはすべて、小屋で見ている人と選手は、いろいろな時刻にいろいろなことをするのを見ているとした。ところが、ポールの先端、あるいは後端を見るためだけでも、時間がかかる。つまり光がそれぞれの人の目に届くのにかかる時間だ。ポールは亜光速で進んでいるので、この種の検討も重要になる。しかしここでは、さらに細かい話をしてわずらわせることはしない。ひとまず、当初の問題に関するかぎり、棒の長さは、移動する速さによって変動することを言っておくだけにしよう。次章の時間のパラドックスに関する話が本章で敷いた土台の上に築かれることを知れば、慰めとなるに違いない。そのおかげで、さらに手早く問題に迫ることができるだろう。

第6章
双子の パラドックス

△ 年をとったのはどっち?

本章では、アインシュタインの相対性理論から予測されることがもたらすパラドックスというテーマを続ける。今度は、時間のほうの性質をめぐって楽しく頭を悩ませてくれる考え方の話で、亜光速で移動する場合、時間がどう影響されるかという話をする。

このパラドックスの話はSFのような感じがするが、技術的にはまだ実現できないとはいえ、科学の中心をなす話で、物理学科の学生には、相対性理論の意味を表す例として必ず教えられる。出てくるのは、亜光速で飛べる宇宙船だ――現時点ではそんな乗り物を開発する手段はないものの、原理的には文句なくありうる。この宇宙船は光速を超えることはないので、それこそSFに出てくるワープ航法だの、異次元空間を通る近道だの、推測の域を出ないアイデアに訴える必要はない。

ここでの主人公、この宇宙船を設計した双子のアリスとボブに登場してもらおう。ボブは地球に残り、アリスが宇宙船を操縦して地球を飛び立ち、往復でちょうど一年かかる星系まで旅に出る。アリスが地球に戻ったときには、生物学的には一年ぶん年をとっていて、本人も一年が経過したと思っている。また、宇宙船に搭載された時計などの装置も、地球を出てから一年が経過したとする点で、それに一致している。

一方のボブは、アリスの旅行を最初から最後まで追跡し、アリスの亜光速旅行の結果として現れる、アインシュタインの相対性理論から予測される奇怪な結果を目撃する。宇宙船上の時間は、ボブから見ると、地球上よりも進み方が遅いのだ。カメラごしに宇宙船の中の出来事を見るとしたら、すべてがスローモーションで起きているように見えるだろう。機上の時計はチクタクが遅くなり、アリスの動きも話し方も遅くなり、もろもろが同様になる。つまり、宇宙船に搭乗しているアリスにとってはほんの一年しかかかっていない旅行が、地球上のボブからすると、実は一〇年かかっているということもありうる。実際、アリスが地球に戻ると、双子のボブが一〇年ぶん年老いているのに、自分のほうは生物学的にも一年しか加齢していない。

このこと自体は、本章のタイトルになっている「パラドックス」の由来ではない。奇妙に聞こえるかもしれないが、アインシュタインの予測とは文句なしに合致している。ここに記した時間の長さはどうとでもできて、宇宙船が飛んできた速さによって決まる。アリスが、たとえばさらに光速に近いところまで加速されていたら、電卓を持っている人なら（それから相対性理論について少し知っている人なら）すぐにできるごく単純な計算で、ロケット上の一年は地球での一〇〇万年に相当する、あるいは、アリスの測定によれば一日の旅行が、地球では何千年にも相当する場合もあることは、すぐにわかる。けれども宇宙船の速さは、双子のボブが生きているあいだにアリスが戻って来られそうな、一年と一〇年のずれとなる速さにしておこう。

パラドックスが生じるのは、相対運動という考え方からすると、一見すると矛盾する結論が出てくるからだ。ここまでの話なら、前章の小屋の中の長い棒のパラドックスと同じようなことだ。ところが、時間の性質にかかずりあうと、距離の場合以上にやっかいで、首をひねることになる。ここでは座標軸を勝手に選び、一方で時間が遅くなり、もう一方ではそうならないとしたが、この結論の出し方は性急すぎるのではないか。前の章では、あらゆる運動は相対的だという、相対運動の第一の公準を見た。ここでそれが当てはまるかどうかを見てみよう。

もちろんアリスからすれば、宇宙船が亜光速で地球から飛び去るのではなく、地球のほうが逆方向に遠ざかっているのだと主張することができる。要するに、本当に動いているのはどちらか、わからない。アリスは、一年間の旅のあいだ、自分のほうが止まっていて、その間、地球がまず遠ざかり、それから近づいてきたと言えるのではないか。そうだとすれば、アリス側のカメラからは、遠ざかる地球の時計のほうが、宇宙船の時計よりもゆっくり進んでいるのが見えていただろう。すると、アリスが帰ったとき、若いのはボブのほうで、一年間旅行に出ている間に、地球ではその十分の一（一か月ちょっと）しかたっていないことになる。アリスにはそう言えるのではないか。それがここでのパラドックスとなる。

この相対運動による結果の見かけの対称性は、長年、多くの混乱の元になっている。実際、このパラドックスによって、アインシュタインの相対性理論は間違っていて、時間は座標系によって遅かったり速かったりするという説は否定されるという話もたくさん出ている。もちろん、ボブとアリスが見ることは錯覚の類で、時間は実はまったく遅くはならないというわけだ。一見すると、二つの座標系の対称性と思われるものからすると、地球と宇宙船で経過する時間には違いはないはずで、アリスとボブも、アリスが戻ったときにはやはり同じ年齢になるように見えるかもしれない。するど両方とも間違っているのだろうか。きっと、両方が正しいことはありえない。

信じようと信じまいと、ボブが正しいとするのが正解だ。アリスが戻ってきたとき、実際にボブよりも年をとっていない。やっかいなのは、これが相対運動をどう切り抜けるかというところにある。ちょっと見には対称的に考えてよさそうなのに、それが間違っているとしたら、なぜか。

そのパラドックスを解決するために、まず、亜光速になったとき、物体が長さを変えるのと同じように、時間も実際に進むのが遅くなることを納得してもらわなければならない。手始めに、当の時間の性質について、もっと丁寧に考えてみるのがいいだろう。そうすると、次章で最初の本物のパラドックスが時間旅行から生じるのを見て事態がますますおもしろくなったときにも、大いに役に立つ。

時間とは何か

時間とは何か。このことを根本的なレベルで本当に理解している人はいないと言っても過言ではない。時間に関する現時点で最善の理論は、オルバースのパラドックスの章で紹介した、アインシュタインの一般相対性理論が提供するものだ。けれども、どんなに強力な科学理論であっても、それを展開して、「時間は本当に流れているのか、それはただの錯覚なのか」とか、「時間の流れには絶対の速さがあるのか、あるいは明白な流れの方向はあるのか」というような、奥深い、哲学的な問いに答えようとしても、そこまでは扱えないことが多い。「時間は過去から未来へと向かう」とか、「時間は毎秒一秒の速さで進む」といった説明では、あまり助けにならないことは明らかだ。

三世紀以上前、アイザック・ニュートンが『自然哲学の数学原理』という著書で運動の法則に関する研究を完成するまで、時間というテーマは、今で言う科学というより、哲学の領域にあると考えられていた。ニュートンは、物体が力を受けるとどのように運動し、どのような反応をするかを解説し、あらゆる運動や変化を理解するには時間の概念が必要なので、自分が行なう自然の数理的記述に必須の構成要素として時間を組み込まなければならなかった。けれども、ニュートンの時間は絶対で曲げられない。一定の速さで流れ、私たちの（しばしば主観的な）時間経過の体験とは無関係に秒、分、時間、日、年を刻み、想像上の宇宙時計があるかのようで、私たちはその流れの速さをどうこうすることはできないとされる。これは文句なく妥当に思える。けれども現代物理学は、この時間の見方が間違っていることを疑問の余地なく明らかにした。

一九〇五年、アインシュタインは、時間と空間が根本的に結びついているという発見を発表し、その相対性理論を公にして物理学に革命をもたらした。そこで明らかにされたのは、時間はもはや絶対ではなく、観測者と別個にあるものではないことだった。むしろ、観測者が動く速さによって伸びたり縮んだりすることがありうる。

一つ念を押しておきたいのは、ここでいう時間が流れる速さの違いは、主観的な時間意識とは何の関係もないということだ。もちろん、日常の経験のレベルでは、楽しいパーティの夜はあっというまに過ぎるのに、退屈な発表や講演は終わるまで永遠の時間がかかりそうに思えるといった経験は、誰にもおなじみのことだ。この状況では、実際に時間が速くなったり遅くなったりしているわけではないこともわかっている。また、年をとると時間の進み方が速くなるように思うものだ。この場合も、時間が本当に速くなっているわけではなく、それまでの人生の長さに対して、一年分の時間の比率が年ごとに小さくなるからだ。子どもの頃を考えてみると、誕生日から次の誕生日までがどれほど長かったことか。そういう経験をしていても、私たちは、ニュートンの絶対時間のようなものが本当に世の中にあって、宇宙のどこででも同じ速さで流れていると、心の奥で強く思っている。

けれどもアインシュタインが登場する前から、科学者や哲学者の中には、絶対時間が外側にあるという見方がしっくりこない人々がいて、時間の流れの速さや流れの方向をめぐる問題が多くの人に論じられていた。当の時間が幻だと論じる哲学者もいた。次のようなささやかなパラドックスを考えよう。ひょっとすると、ゼノンなら考えついていたかもしれない。

きっと賛成してくれると思うが、時間は過去、現在、未来という三つの部分に分けられる。過去の記録があり、すでに起きたことを思い出すとはいえ、それが存在しているとは言えない。他方、未来はまだ起きておらず、したがってやはり存在するとは言えない。残るのは現在の瞬間で、これは過去と未来を分ける線と定義される。確かに「今」は存在する。ところが、「今」は刻々変化する瞬間で、未来を過去に変えながら時間をつねに渡って行くと「感じて」いるものの、それはほんの一瞬で、だからそれ自体はまったく持続しない。絶えず変化する現在の瞬間は、それゆえ、過去と未来を分ける線にすぎず、本当に存在するとは言えない。時間の三つの成分がすべて存在しないとなると、当の時間が幻ということになる！

こうした巧妙な哲学的論証は適当にあしらっておいてもよく、私もそうしている。

本題に戻ろう。時間が実際に「流れる」という考え方となると、もっとずっと根拠を考えにくくなる。もちろん、実際に流れているという感覚を否定するのは難しいが、何かをどれほど強く心の底から感じていても、科学では十分とはいえない。日常の言語では、「時間が過ぎる」、「時間が来る」、「そのときは過ぎた」などと言う。ただ、もうちょっと考えてみると、運動や変化はすべて、そもそも時間を背景に判断するしかない。変化はそうやって定義する。何かが進む速さを表したいと思えば、一分あたりの脈拍数のように、一定時間に起きる出来事の数を数えるか、一か月に赤ちゃんの体重がどれだけ増えたかというように、一定時間での変化の量を数えるかする。けれども、当の時間が変化する速さを計ろうとするのは意味がないことになる。時間を当の時間に対して測定することはできないからだ。

これを明らかにするために、こんな質問をしてみたい。もし時間が急加速したら、私たちはそれをどうやって知るだろう？　私たちは時間の中で生きていて、時計を使ってその間隔の長さを計っているが、それは、体内にある生物時計のように、やはり一緒に加速するにちがいないので、そのことに気づくことはないはずだ。（私たちの）時間の流れについて語るには、それを、何らかの外部の、もっと根本的な時間と照合するしかない。

しかし、私たちが自分の時間の流れる速さを測定できるような尺度となる外部の時間が存在するとしても、それでは先延ばしにしかならず、問題は解決されない。もちろん、そもそも時間が流れるなら、その外部の時間も流れるはずではないか。そうなると、その外部の時間が流れる速さを照合するための、さらにもっと根本的な時間が必要という問題に戻ることになり、どこまで行ってもきりがない。

時間が流れる速さについて語ることができないからといって、それだけでは時間がまったく流れないということにはならない。あるいはもしかしたら時間は静止していて、私たちが（私たちの意識が）それに沿って動いているかもしれない。未来の時間が私たちの方へやって来るのではなく、私たちのほうが未来へ向かって動いているということだ。動いている列車の窓から外を見て、野原が通り過ぎるのを見ても、そちらは止まっていて、動いているのは列車のほうだということを、人は知っている。同様に私たちは、現在の瞬間（「今」と呼ばれるもの）と未来の出来事（たとえば今度のクリスマス）がだんだん近づくという強い主観的印象を抱いている。二つの瞬間を隔てる時間の間隔が短くなるのだ。次のクリスマスが私たちの方に近づいてくると言おうと、私たちが次のクリスマスに向かって近づいていると言おうと、結局は同じことに行き着く。何かが変化していると感じているのだ。きっとそのことには誰もが同意できるのではないか。残念ながらそれはできそうにない。多くの物理学者は、この考え方も成り立たないと論じる。

おかしなことと思われるかもしれないが、物理学の法則は、時間の流れについては何も言わない。物理学の法則は、原子でも時計でもロケットでも星でも何でも、ある時点で力がかかったとき、どのようにふるまうかを教えてくれるし、未来の時点での物体のふるまいや状態を計算する方法を提供してくれる。けれども、物理学の法則には、時間が流れることを指し示すものはどこにもない。時間が過ぎるとか何らかの方向に動くというのは、物理学にはまったくない考え方だ。時間は空間と同様、単に存在するだけだということがわかる。それはただあるだけなのだ。私たちは時間が流れると感じるが、それはただそれだけ、つまりどんなに現実のものと見えようと、そんな感じがするというだけのことだ。時間が経過し、現在の瞬間が変化するという、この強固な感覚がどこに由来するのか。今のところ科学は、満足のいく説明を出せないでいる。物理学者や哲学者の中には、物理学の法則の中には何か欠けたものがあるとまで言う人もいる。将来それが正しいということになるかもしれない。

でも哲学はこれくらいで十分だろう。特殊相対性理論では、時間が過ぎる速さがなぜ変化するのかを理解するという問題に戻ろう。それに片をつけないことには、双子のパラドックスは解決できないからだ。

時間を遅くする

そこで、アインシュタインによる時間の性質を見てみよう。前章では、互いに対して猛スピードで運動する二人の観測者によって、長さはどのように測定されるかを述べた。時間がどう影響されるかについても、ざっと次のように見ることができる。学校で誰でも習うおなじみの公式。速さは距離÷時間で求められる。さて、すべての観測者は、互いに対してどんなに速く動いていても、光は同じ速さで伝わるとする。これらの観測者が測定する距離が異なるのなら（「小屋の中の長い棒」の例がそうだったように）、それぞれの距離の物差しを時間で割っても、同じ（正しい）光の速さが出るには、時間の測定結果も異ならざるをえないということになる。つまり、一方の観測者が二点間の距離を一〇億キロと測定し、光線がその距離を伝わるのに一時間かかると測定したとして、もう一人の観測者は、二点間の距離は二〇億キロあると主張するなら（前章の話から、相対運動をしている二人の観測者が長さについて同意することはないことを思い出そう）、それでも光線の速さについて同じ値に達するとすれば、第二の観測者は光線がその距離を進むのに二倍の時間がかかったとすることにならざるをえない。数値で言えば、第一の観測者は光は一時間で一〇億キロ進むと言い、第二の観測者は二〇億キロを二時間で、つまり一時間で一〇億キロ進むと言うことになる――第一の観測者と同じ値だ。

すると、私たちは誰もが光の速さは同じと測定するという要請から、二つの出来事――この場合は光が二点間を進むときの始点と終点――のあいだの時間は、観測者が違えば値も異なると考えざるをえなくなる。私にとっては一時間が経過しても、あなたにとっては二時間ということがありうるということだ。

この時間の速さが違うという概念をつかもうとするときに誰もがぶつかる困難があるので、あらためて納得してもらうよう試みてみる。懐中電灯を空に向かって点灯してもらい、私はその光のビームに沿ってロケットで上昇し、光速の四分の三の速さで懐中電灯を持った人から遠ざかるとしよう。もちろん、地上から見ると光は時速一〇億キロで進み、光が電灯を出たときの速さの四分の一の速さでロケットの私より先へ進んでいると測定される（速い車が遅い車を両者の速さの差による速さで追い越すのと同じこと）。ロケットから外を見たら、論理的に言って、私は何を見ると予想されるだろう。常識的に言えば、当然、地上と同じく、私は光が地上から進む速さの四分の一の速さで追い越して行くのを見るはずだ。ところがアインシュタインは、あらゆる観測者が光の速さは同じと見ることを主張しているので、実際には私は光線が時速一〇億キロで追い越して行くのを見る――地上で電灯から出る光の速さと同じだ。これが相対性理論の予測で、この結果は、過去一世紀にわたり、あちこちの実験室で何千回、何万回と確かめられている。けれどもそれはどういうことか（ここで一言注意を。光線の速さを測定する話で私は「見る」という言葉を使っている。しかしもちろん、私たちが何かを見るには、光がそこから私たちの眼まで進まなければならない。それにはいくらかでも時間がかかる。しかも「光線を見る」と言うとき、それはいったいどういう意味だろう。光が光に当たって跳ね返ってくるのか？　つまり、私は「見る」という言葉を、ここではただ何らかの方法で——たとえば光のパルスの場合には、その道筋で装置を動かす正確な時間を記録することによって——「測定する」という意図で使っている）。

その場合、私が光線に沿って地上に対して光の四分の三の速さで進みながら、しかも光は電灯を出たときと同じ速さで進んでいると見るというのは、どうして可能なのだろう。そんなことがありうるとすれば、私の時間が地上よりもゆっくり進むとするしかない。地上と私とが同じ時計を持っているとしよう。地上から見ると、私の時計は地上より進み方が遅い。それだけではない。ロケットに乗ったすべての進行が遅くなる——動きもスローになるし、地上と交信すると、地上では、私の話し方が遅くなって、低い声になっているように聞こえる。ところが私のほうは、何も変わったことは感じず、時間が遅くなったことには気づかない。

アインシュタインの理論を勉強する学生は、ロケットの速さがわかっているとき、時間がどれだけ遅くなるかを計算する数式を習う。実際には、他のある観測者に対して光速の四分の三の速さで飛んでいるロケット上での時間は、その観測者の時計よりも五〇パーセント遅く進むことになる。つまり、観測者がロケット上の時計を見ると、それが一分を刻むのに、自分のほうの時計によれば、九〇秒かかることになる。

そのような状況は、仮定としておもしろいだけだと思われるかもしれない。それほどの速さを出せるロケットなど、実際にはないからだ。しかし、たとえば月面着陸をしたアポロ宇宙船のはるかにささやかな速さ（時速四万キロほど）でも、時間に対する影響は確かにあって、宇宙船の時計と地上の管制センターの時計は、毎秒何ナノ秒かずれることになる——計算に入れなくてもいいくらいのごくわずかな違いだが、確かに測定可能なほどの差だ。この例は少し後でまた取り上げる。

ここではこの影響が重要になる、別の現実世界の例を一つ簡単に見ておこう（後でさらにもう一つ見る）。猛スピードで移動するとき時間の進み方が遅くなることは、「時間の遅れ」と呼ばれ、物理学の実験ではあたりまえに計算に入れられている。とくに原子より小さい粒子が、ジュネーブにあるCERN《セルン》の大型ハドロン衝突型加速器のような「粒子加速器」で加速されるときにはそうだ。そこでは粒子が光の速さに近づいて、先に述べたような「相対論的」効果を計算に入れないと、実験が意味をなさないほどになる。

かくて、アインシュタインの特殊相対性理論からは、光速が一定であることの帰結として、猛スピードで動いているときは、時間の進み方が遅くなるということがわかる。ここで私は時間について、さらに意外なことを言わなければならない。第3章では、アインシュタインが相対性理論を二つ出したことを述べた。一九〇五年の特殊相対性理論と、一九一五年の一般相対性理論だ。ニュートンによる重力の正体に関する考え方を改訂し、この力を、質量が周囲の時間や空間の生地（構造）に対して影響するという観点から根本的に記述しなおしたのは、一般相対性理論だった。

アインシュタインの一般相対性理論は、重力を通じて時間を遅らせるという、別の手段を教えてくれる。地球の重力は、時間の進み方を、どんな恒星や惑星からも遠く離れた空っぽの空間にあるときよりも遅くする。あらゆる物体には質量があるので、周囲にはそれ自身による重力場ができる。物体の質量が大きくなるほど、それが重力によって近くの物体に及ぼす引力は強くなり、アインシュタインによれば、他ならぬ時間への作用も大きくなる。これを地球上で時間が流れる速さに適用したときの魅惑の結果は、高いところへ行くほど、地球の重力による引力は弱くなり、したがって、時間の流れ方も速くなるということだ。実際にはその影響はごくわずかで、地球の重力から完全に逃れるまでには、宇宙空間のずっと遠いところまで行かなければならないだろう。高度四〇〇キロという、人工衛星にとってはごく普通の軌道でも、重力による引力は、地表にいるときと比べて、まだ九〇パーセントほどある（念のために言うと、衛星が軌道をいつまでも回って地上に落下しない理由は、衛星がまさに自由落下することで軌道を描き、地球をまわるからで、落ち続けているから「重さ」を感じなくなるということだ）。

重力の時間への作用を述べるときに出したくなるおもしろい例を一つ。腕時計が遅れる場合、それを修正するための一つの方法は、腕を頭上に上げておくことだ。腕時計が高いところに置かれると、受ける重力が少し弱くなり、少し速く進むようになる。この作用は本当にあるが、ごく小さいので、実際にやってもあまり意味はない。たとえば、一秒修正するのにも、腕を何億年ものあいだ上げておかなければならない。

状況によっては、二種類の時間の遅れ（特殊相対性理論のぶんと一般相対性理論のぶん）が逆に作用することもある。二つの時計があって、一方は地上にあり、一方は地球を周回する軌道上の衛星にあるとする。どちらの時計が遅れるだろう。地上の時計にとっては、猛スピードで飛んでいる軌道上の時計は進み方が遅くなるはずだが、高いところにあるため重力が弱く、そのぶん進み方は速くなるはずだ。どちらの影響のほうが勝つだろう。

そこですべてが本来のパラドックスの様相を呈してくるが、それでもそれを差引きした結果の影響は、一九七〇年代初めに行なわれた画期的な実験で見事に確かめられた。それを行なった二人のアメリカ人物理学者の名をとって、今日ではハーフェルとキーティングの実験と呼ばれている。

一九七一年一〇月、ジョセフ・ハーフェルとリチャード・キーティングは、二機の民間航空の旅客機に正確な時計を載せ、世界一周をさせた。一方は東回りで、地球の自転と同じ方向、もう一つは西回りで、自転とは逆方向にして、ワシントンDCにある海軍天文台で時計を照合した。

そこで、二通りの時間への影響、つまり猛スピードで動く時計が遅れることと、高いところにある時計が進むことは、飛行機が地球の自転の方向に飛ぶか逆行するかを考慮に入れて、慎重に測定しなければならなかった。私たちも慎重に検討してみよう。どちらもほぼ同じ高度だったので、どちらの時計も受ける重力は弱く、そのぶん、地上の時計と比べて時計は進む。ところが、東回りの飛行機は地球の自転と同じ方向に飛ぶので、進み方も速くなり（ボートを下流に向かって漕ぐようなもの）、時計は地上よりも進み方が遅れる——西回りの飛行機に載せた時計は、地球の自転に逆らう（上流に向かって漕ぐ）ぶん、遅れが少なくなるので、結果として地上の時計よりも速く進む。

実験開始にあたって、すべての時計が慎重に合わされた。終わると、東回りの時計は〇・〇四マイクロ秒（マイクロ秒は一〇〇万分の一秒）遅れていることがわかった（猛スピードで飛ぶことによる遅れが、高度のせいで重力が弱くなることによって進む分を上回った）が、西回りの時計はその一〇倍近く（〇・三マイクロ秒）進んでいた（重力が弱くなったことによる進み方が、特殊相対性理論のぶんを上回った）。

ごちゃごちゃする話で、どんなに頭のいい物理学者でも、眉根を寄せて頭を悩まさなければならなかったが、重要なことは、どちらの場合も、実験で測定されたことは、アインシュタインの二つの理論から数学的に予測されるものと見事に一致したところだ。

今日では、地球表面のあらゆるところの位置を特定するGPS衛星で、この時間に対する作

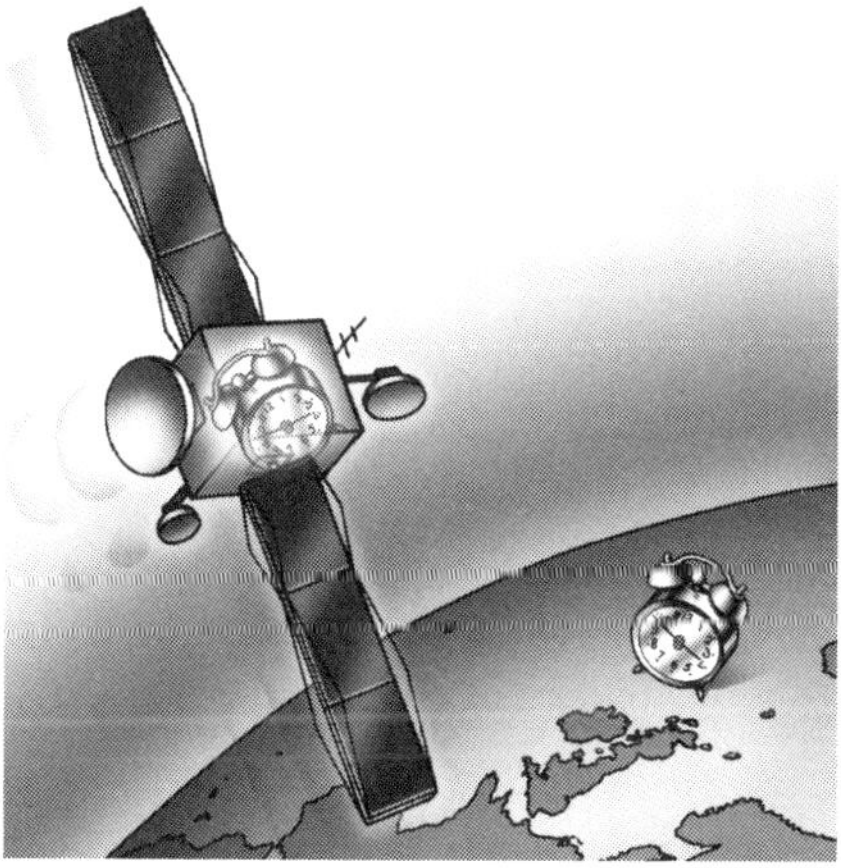

衛星に搭載された時計は、地上の時計よりも進み方は速いか遅いか。計算するには、アインシュタインの二つの相対性理論をともに理解する必要がある。

図 6.1　時間が加速する

用が日常的に計算されている（これが先ほど予告したもう一つの現実世界の例）。この衛星上の時計と地上の時計との時間の進み方のわずかな違いを補正しないと、携帯電話やカーナビで、今やすっかりなじんでしまった精度で位置を特定することはできないだろう。この位置の正確さ――誤差はわずか数メートル――は、地上の装置から送った信号が衛星に跳ね返って戻ってくるのにかかる時間に基づいているので、マイクロ秒の一〇〇分のいくつかというわずかな誤差の範囲で正確に計る必要がある。相対論を無視したらどれほどひどいことになるだろう。相対運動によって、衛星の時計は地上の時計と比べて一日に七マイクロ秒ほど遅れる。ところが、衛星にかかる重力が小さいので、その時計は地表にあるときよりも、一日に四五マイクロ秒ほど進む。結局、差引きで一日三八マイクロ秒進むことになる。一マイクロ秒は三〇〇メートルの距離に相当するので、アインシュタインを無視すると、衛星は地上の位置を一日に一〇キロ以上ずれてとらえることになる――しかもその影響は蓄積する。

猛スピードと同じく重力が時間を遅くするという考えを紹介したので、あらためてアポロ宇宙船に載せた時計の例を考えよう。そうしておくと、双子の問題を考えるときの役に立つ。

アポロ8号は、アメリカのアポロ宇宙計画では二番めの有人宇宙飛行で、人間が宇宙飛行して地球を周回する軌道を離れた最初の例となった。三人の乗組員、フランク・ボーマン、ジェームズ・ラヴェル、ウィリアム・アンダースは、地球という惑星の全体が見えるほど離れたところまで行った最初の人類で、月の裏側を見た最初の人類でもあった。帰還したとき、フランク・ボーマンが、われわれ三人の宇宙飛行士は、月に行かなかったとしたときよりも年をとっていると言った。さらに、地球にいたときよりも何分の一秒か余計に出勤していたので、そのぶんの超過勤務手当をもらってしかるべきだと冗談を言っていた。金銭的には無視できるほどだが、宇宙船に乗っていたあいだ、余計に時間がたっているというのは現実のことだった。

これは本章の中心にあるパラドックスとは合わないように見えるかもしれない。双子のうち、出かけたほうのアリスは、戻ってくるときには、地球にとどまっていたボブよりも若くなっているという話だった。実は、結果が正反対になる理由は、まさしく二つの相対性理論が時間に対してもたらす影響の微妙な相互作用だ。全体として見れば、三人の宇宙飛行士は、地球上にとどまっていたとしたときよりも、三〇〇マイクロ秒ほど年をとっていた。どうしてそういうことになるのかを見て見よう。

アポロ8号上の時間が地球上の時間より進むか遅れるかは、宇宙船がどこまで遠ざかるかによる。月へ向かう行程の最初の何千キロかのあいだは、地球の重力が十分に弱くなっておらず、あまり時計は進まないので、アポロの地球に対する速さのほうが優勢となる。それによって、宇宙飛行士のほうの時間が遅く、年のとりかたも地球の人より遅い。ところが地球からさらに遠くなると、重力による引力の影響が小さくなり、アポロ時間は加速するようになる――一般相対性理論の影響が特殊相対性理論の影響を上回ってくる。旅行全体では、この宇宙船上で時間が進んだ分のほうが大きく、そのため、地球よりも宇宙船で進んだ時間のほうが多い――それで三〇〇マイクロ秒余計に経過した。

少し笑える話をすると、NASAの物理学者は、ボーマンの言う超過勤務が正しいかどうか、念入りに検算したところ、それがあてはまるのは、三人のうち、今回のアポロ8号が初飛行だったウィリアム・アンダースだけだということがわかった。ボーマンもラヴェルも、すでにジェミニ7号に乗って宇宙飛行をしたことがあり、そのときは、速さによる時間の遅れのほうが優勢だったので、地球上の人よりも四〇〇マイクロ秒ほど若くなっていた。その結果、二人は全体として一〇〇マイクロ秒ほど得をしていて、地上にずっといたとした場合よりも、ほんのわずか若かったのだ。つまり、超過勤務手当てが出るどころか、実は過払いになっていたというわけ。

双子のパラドックスの解決

これで重力の時間への影響がはっきりしたので、検証に戻り、本章の最初にアリスとボブについて立てたパラドックスを、できれば解決しよう。どちらも本当に動いているのは相手だと言うことができ、したがって、相手の時間のほうがゆっくり動いていると言うことができたのを思い出そう。ボブはアリスが宇宙船で飛び立って、戻ってきたときは、自分よりも年をとっていないと言うが、アリスはボブと地球が遠ざかって、また戻って来たのであって、だからボブの時間のほうがゆっくり進んで、年のとり方も少ないと言う。

この問題の分析のしかたには何通りかあり、私はサリー大学で教えている授業のとき、学生がいろいろな論証をあれこれ考えるのを見て、おおいに楽しんできた。まず、いちばん単純なものを見よう。

先にも言ったように、ボブが正しくて、アリスは間違っているというのが本当の答えだ。まず、二人の状況は完全に対称的ではないことに目を向けよう。アリスは地球を発つとき加速し、まっすぐ飛んだとしても、減速し、向きを変え、再び加速し、最後には減速して地球に帰ってくる。ところがボブは、ずっと地上で同じ動きを続けていた。アリスが円軌道をたどり、一定の速さで動けるとしても、つねに方向が変わっているので、やはりそのぶんの加速度の作用を感じることになる。つまり、双子の相対運動は、完全に対称的ではない。アリスは旅行した影響を受けるが、ボブはゆっくり回転する地球にとどまっている。とはいえ、これはアリスの年のとり方が少ない理由を明らかにはしていない。

加速も減速もなしに問題を見る方法がある。アリスは宇宙に出て、速度を上げてから、地球を通過し、そのときボブと時計を合わせる。アリスは一定の速さで直線上を動き、それからある時点で(現実にはありえないことはわかっているが、ご容赦願いたい)、瞬間的に方向を変え、同じ速さで地球へ向かう。これは物理学者の言う「理想化された状況」というものだ——実際にはありえないが、間違ってはいない、役に立つ単純化として使える。そこで、二人がそれぞれに測定するアリスが進む距離だけで状況を分析できるようになる。アリスのほうが年をとらない理由が、長さの短縮で説明できるからだ。

アリスが方向転換する地点を、アルファ・ケンタウリ星のあたりとしよう。地球から四光年ほど離れたところだ（つまり光が地球に届くのに四年かかり、こちらから光が届くのにも四年かかる）。アリスが光速の半分の速さで飛んでいるとすると、ボブの計算では、光が進む二倍の時間、つまり八年かかり、往復では一六年かかることになる。ところが、アリスの速さ――あるいは、アリスは宇宙船が静止していると言うことは正当であるので、アルファ・ケンタウリがアリスに向かって近づく速さ――による相対論的効果で、アリスが進まなければならない距離は短くなる。すると明らかに、アリスにとって、そこから戻ってくるときには（地球のほうが向かって来ると言ってもいい時期）、ボブが経験するよりも時間が短いことになる。そんなに遠くまで行かないとなれば、時間もそんなにかからない。

実際には、もちろん、アリスはこんな瞬間的方向転換はできず、減速し、向きを変え、再び加速しなければならない。ここで私たちは確かに、一般相対性理論による時間の遅れを逆方向にして訴えなければならない。けれども今度はどこに重力の影響があるのだろう。この例では、方向転換するのをアルファ・ケンタウリ星としたが、そうする必要があるわけではなかった。アリスは空っぽの宇宙空間のどこででも向きを変えられ、重力場には決して遭遇しないということもできた。そこで、熟考を要するアインシュタインの発想の最後の一つの登場となる。

アインシュタインの人生最高の考え

猛スピードの車やジェット機に乗っているときの加速度の強さを表そうとして「G」と言うのはなぜか、考えたことはあるだろうか。レーシングカーのドライバーは、加速したりブレーキをかけたりコーナーを曲がったりするときに、何Gかを感じる。Gは「Gravity（重力）」のGで、加速度と重力との重要なつながりを浮かび上がらせている。私たちはみな、これがどういうものかを知っている。離陸しようとしている飛行機に乗っているとき、まずパイロットがパワーを最大に上げるときのエンジンの轟音が聞こえ、それから滑走路を加速して進むときに座席に押しつけられ、間もなくスピードがついて空中に飛び立つ。離陸する前に、背もたれから頭を上げようとすれば、引き戻そうとする力を感じることだろう。この抵抗は、ベッドで横になって、頭が重みで枕に引かれるのと同じような感じだ。実は、飛行機が１Ｇで加速していたら、まったく同じ感じになるだろう。加速度は重力の作用に似ている。

アインシュタインは、一般相対性理論を式に表すより何年か前にこの同等性に気づき、いささか想像力に欠けるが、「等価性原理」と名付けた。後にアインシュタインは、このことに気づいた「ヘウレカ」の瞬間は、生涯最高のひらめきだったと語ることになる——この言葉からも、アインシュタインの科学への入れ込み方がどれほど徹底していたかがわかる。そこで考えていたのは、自由落下する物体がどうなるかということだった。ジェットコースターに乗っていて降下するときに大騒ぎして耐える無重量の感覚は、この等価性をよく表している。その瞬間、地球の重力場に身を委ねて、その引力を感じなくなるのだ。自分にかかる下向きの加速度が、かかる重力を相殺しているかのようになる。

アインシュタインはさらに進んで、空間と時間に対する重力の影響はすべて、物体が加速しているときにも現れることを示した。実は、宇宙空間を1Gで加速する宇宙船に座っているとしたら、椅子に押しつけられる感じは、地球で地面に寝転がっているときの感じと区別できないはずだ。どちらの場合にも、座席の後ろへと引き込むのと同じ引力を感じるだろう。そこが決め手となる。そこから、重力場が時間の進み方を遅くするのと同じく、加速度でもそうなる

亜光速で周回すると、時間は遅くなる。

図 6.2　時間を遅くする

はずという考えが導かれるのだ。そして実際、そうなる。加速し、減速する時期を過ごすと、重力場に身を置くのと同じことになり、地球の重力と同じような影響を受ける。

これでやっと双子のパラドックスに決着がつけられる。アリスがボブより年をとらないのは、アリスのほうが加速、減速を経て、そのあいだ、一般相対性理論の予測に従って、時間の進み方が遅くなるからだ。これは直線コースを往復するかどうかとは無関係だ。実は、宇宙空間をジグザグに進んで方向を何度も変えるほど、加速や減速を受ける時間が多くなり、アリスにとっての時間の経過は少なくなる。

時計をよく見ると

ここでやめてもよさそうだ。これで双子のパラドックス――ときどきなされる無粋な言い方では時計のパラドックス――はもうない。その時空旅行は対称的ではないからだ。それでも、旅の途中に連絡をとりあう方法を考えてみるとおもしろいことになる。

アリスとボブは互いに、それぞれの時計で一定間隔をおいて光の信号を送ることにする。一日に一回、同時刻に光を発するとしたらどうなるか。アリスが往路を進んでいるあいだは、二人は猛スピードで離れているので、どちらも相手の信号を、特殊相対性理論で予想される時間に対する効果のせいで、二四時間よりも長い間隔で受け取ることになる。しかしそれだけでなく、毎回の光は、前の光よりも長い距離を進まなければならないので、それによる遅れが、時間の遅れによるぶんに加わる。こちらの影響は、ドップラー偏移の場合と同じ原理だ（光だろうと音だろうと、運動する波源が出す波の周波数、音なら音程の高さが変わる）。

それから、アリスが減速したり、加速したり、方向を変えたりすると必ず、その時間はさらに遅くなり、アリス側の信号はさらに間隔が空くことになる。そして、復路になるときわめておもしろいことになる。往路では、二つの作用が合わさって光の信号が届くのを遅らせたが、今度は競合することになる。双子が互いに猛スピードで相対運動しているので、どちらも相手の時計が自分のよりゆっくり進むことになるが、それぞれが送る信号は、近づくにつれて進む距離も短くなるので、届く間隔が短くなる。計算すると、この短縮（二四時間に一度よりも頻繁に届く）は、時間の遅れの作用に勝って、それぞれの時計の進み方が速くなるように見えることになる。もちろん、二人は相手の運動や動作も速くなるのを見ることになる。ただ、そうしたことを考え合わせても、アリスが地球に帰ったときには、ボブよりも若くなっている。

この問題にこれ以上言うべきことはあるだろうか。実はある。以下が今回の総決算だ。アリスが本人の時計で一年の旅行をして、一〇年が経過している地球に戻ってきたら、それはアリスにしてみれば、九年後の未来へ旅行したということではないか。

ささやかな時間旅行

多くの人は、時間の遅れは本当の時間旅行ではないと言うだろう。要するに、それはアニメを止めている、あるいはよく考えると、眠っているのと違いがあるのだろうか。居眠りをして、ほんの何分かのことと思って時計を見たら、何時間もたっていたとしたら、それは未来へ時間旅行したということなのか？

私は、相対論的な時間の遅れはそれよりはずっと立派で、ささやかとはいえ、確かに本当の時間旅行だと言いたい。本当の未来への時間旅行となると、未来がすでにあって、この現在とともに存在していて、将来私たちがやって来るのを待っているということだと思われているかもしれない。ここではそうなっていない。こちらでは、アリスが出かけているあいだに、地球では未来が現実になっている。アリスのほうで経過する時間が少ないのだから、アリスは地球の時間とは別の時間のコースをたどっているということにすぎない。ある意味で、アリスは早送りして未来へ進み、他の人よりも早くそこに着くということだ。アリスが未来のどこまで行けるかは、宇宙船の速さとその進み方がどれだけ変動するかによる。

すると本当の問題はこういうことになる。アリスが地球に戻ってきて、そこで見るものが気に入らなかったとして、自分の時間に戻る方法があるか。もちろん、これには過去に戻る時間旅行が必要で、これは話がまったく別になる。実は、それが本書での本当のパラドックスにつながる——次の章ではその話をすることにしよう。

第7章
祖父殺しのパラドックス

過去に戻って祖父を殺すと、自分は生まれなかったことになる

時間をさかのぼって移動し、母方の祖父が祖母に会う前に、祖父を殺してしまうとしよう。すると、その祖父と祖母のあいだに生まれる私の母親は生まれないことになるので、私も生まれないことになる。ところが、私が生まれないとなれば、祖父も殺せなくなる。すると祖父は殺されることなく祖母と出会うことになり、後に私は生まれて過去に戻り、祖父を殺し……以下同様となる。この話は永遠にぐるぐる回り、自家撞着の循環論法になる。そもそも現場へ行って祖父を殺そうとすることができるからといって、殺せるわけではないのではないか。

これは古典的な時間旅行のパラドックスで、形もいろいろある。つねづね疑問に思っているのだが、どうして祖父までさかのぼらなければならないのだろう。父か母でもいいではないか――もしかすると、一世代前にすることで、少しおぞましくなくなるということなのかもしれない。そうひどい話と考えることもない。そういう話にするのがしきたりというにすぎない――たぶん、世の中がもっと乱暴だった時代の話なのだろう。たとえば、タイムマシンを作って時間をさかのぼり、自分がそれを使う直前に装置を破壊するというのもある。するとタイムマシンに乗って時間をさかのぼり、壊すこともなくなるというわけだ。

このパラドックスには、こんな表し方もある。ある研究者が、研究室の棚にタイムマシンの作り

方を記した設計図などの書類があるのを見つける。それに従って一か月後にできあがったタイムマシンに、その研究者が設計書類を持って乗り、一か月前に戻る。そして、自分がその設計図を見つけるように棚に置く。

明らかに、祖父殺しのパラドックスと同じく、未来はあらかじめ決まっていて、自分の行動を選択する自由はもうないらしい。祖父殺しの場合、そもそも殺すほうが存在できるのであれば、祖父は殺されても死なないでいなければならないので、殺すことはできない。後の例では、この科学者がタイムマシンを「作った／作る／作ることになる」(いつの時点で話をするかで、過去形／現在形／未来形が入れ替わる) から、それを作らなければならない。しかし設計図に、これは未来から時間旅行してやって来た自分が置いたものだというメモがついているとしよう。受け取ったほうはタイムマシンを作らないことにして、この設計図を廃棄したらどうなるだろう。

この話には、見逃されがちな別のパラドックスが隠れている。そもそもタイムマシンの設計図が作られていないことになるために生じるものだ。設計図は見つかり、使用され、返されるという、連続した時間の環の中にとらえられている。そもそもその情報はどこから出てきたのか。インクを構成する原子が、どうしてそんなふうに図ったように紙の上に並んだりしたのだろう。そんな設計図ができるには相当の知性と知識が必要なのに、論理的には、実際の時間の流れで前に進んで、タイムマシンによって後戻りする、矛盾のない循環にとらえられているらしく、そこからは逃れられない。さらに重要なことに、設計図ができる最初の入り口、あるいは原点がない。

このごろは、時間旅行で過去に戻るという話が映画やら本やら多くのＳＦで取り上げられ、そういう考えには誰もがなじんでいる。『ターミネーター』や『バック・トゥ・ザ・フューチャー』などのヒット作を考えればよい。私たちはたいてい、そうした話のおもしろさを損なわないように、喜んで自分の不信を棚上げにする――またそうするのは正当なことだ――が、論理を求めている場合には、すぐにそこがもつれてくる。

パラドックスはもう一つだけあって、これも取り上げる必要がある。タイムマシンを使うことは、質量やエネルギーの保存則に違反するということだ。たとえば、五分前に戻って自分に会い、同時に自分が二人いるという状況にすることが考えられる。そうなった瞬間、突然、自分の身体がどこからともなく現れ、宇宙に余分の質量を加えることになる。気をつけておこう。これは、粒子とその反粒子（鏡像のようなもの）が、まったくのエネルギーだけから生まれる、素粒子の世界ではよく知られた対生成という現象の類ではない。自分が過去にやって来る前に、自分が突然現れる埋め合わせとして使えるように、余っていて使えるエネルギーがそのへんにあるわけではない。確かにそれは、熱力学の第一法則という物理学の中心にある法則の一つに反している。要するに、何もないところから何かを得ることはできないのだ。

時間旅行者は過去の出来事に参加することはできず、ただ見物できるだけだとすることによって、時間旅行のパラドックスを回避できると説いた人々もいる。その場合、私たちは過去に戻って、映画を見るのと同じように、ただ周囲の人々からは見えないまま、その場面に収まって、過去の展開

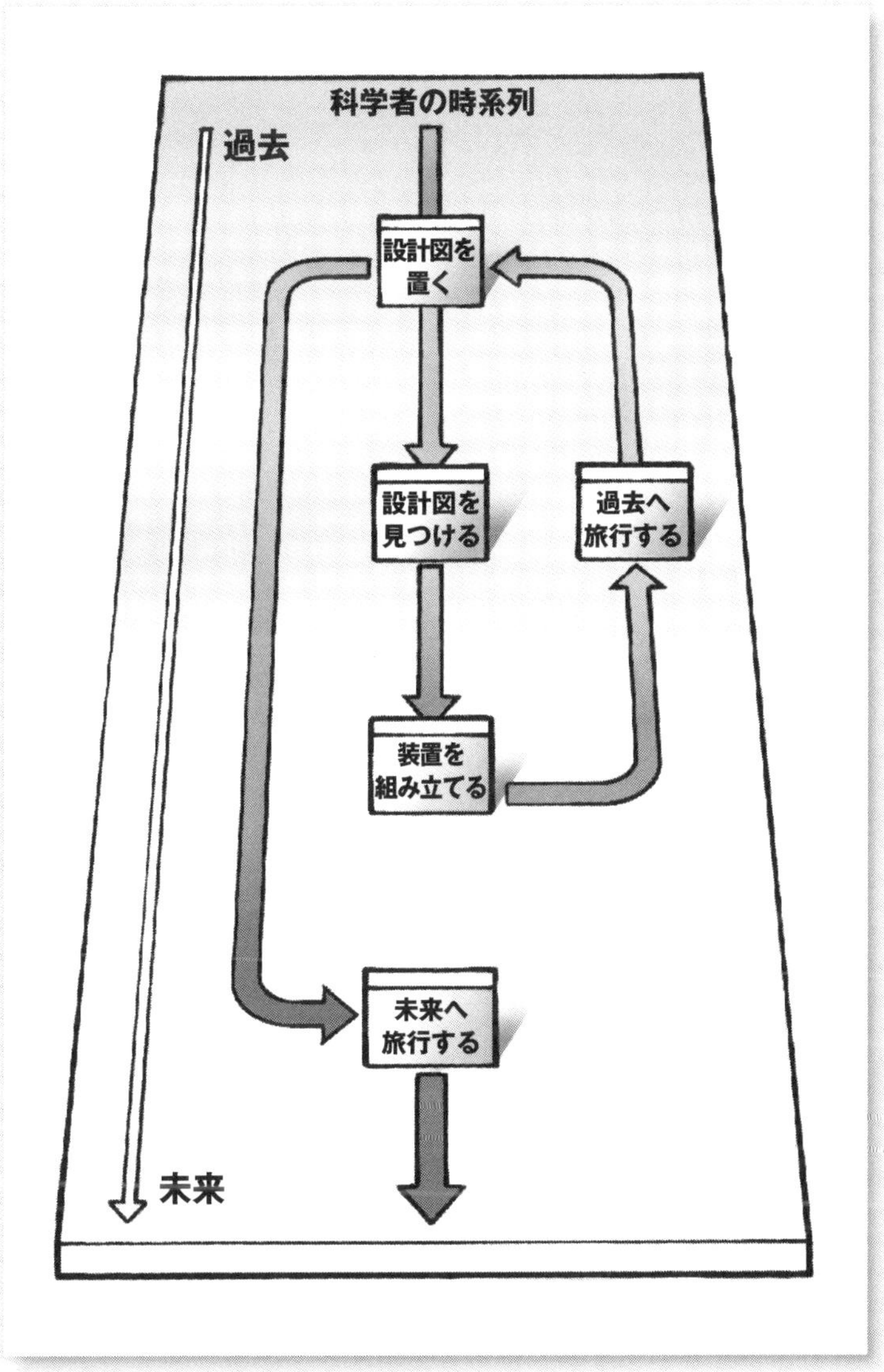

図 7.1　時間旅行のパラドックス

を見ることができる。残念ながら、そのような受動的な形の時間旅行は、パラドックスを避けられるように見えて、実はもっとありそうにない。それは、何かを見るためには――時間旅行者が過去を訪れたときに周囲で起きている出来事を見るのだから――光子（光の粒子）が、見られる対象から見る人の目へと届く必要がある。そうして、網膜で化学的・電気的反応があり、それが神経を伝わる信号となり、脳に送られて解釈されるという一連の流れを引き起こさなければならない。この光子は、観測者が見ているものとすでに実際に相互作用していて、そこから情報を観測者の目へと運んできたものだ。実は、ミクロのレベルでは、観測者が過去に触れたり、感じたりなど、あらゆる形で相互作用するには、観測者は周囲と光子をやりとりできなければならない。現実世界にある二つの物体のあいだのどんな種類の接触も、根本的なところでは、光子のやりとりがかかわる電磁的相互作用を介して起きるものだからだ。あまり細かく見るつもりはないが、要するにこういうことになる。何かを見るとすれば、それに触れることができるはずだ。つまり、時間をさかのぼって過去を観察できるとすれば、過去とやりとりをして、出来事に全面的に参加することもできるはずだ。

過去に干渉することから生じるパラドックスを避けるとすれば、別のやり方がなければならない。

どうすれば過去へ行けるか

過去へ行く方法は、基本的には二つある。まず、情報を逆向きに送ることによる。この種の時間旅行は、一九八〇年、ＳＦ作家のグレゴリー・ベンフォードが出した『タイムスケープ』のアイデアの元になっている。数十年を隔てた科学者どうしのやりとりを描いた話で、科学者が一九九八年から一九六二年にさかのぼって情報を送り、環境破壊による災害を防ぐよう警告するというのだ。この科学者たちは、タキオンと呼ばれる仮想の素粒子を用いてこの通信を行なう。この粒子の存在は、アインシュタインの相対性理論を数学的に解釈することで予想されるが、あまりに奇妙な性質なので、最近はＳＦにしか出てこない。タキオン（「速い」を意味するギリシア語、「タキュス」に由来する名で、一九六〇年代にしばらく真剣にこの粒子が研究されていた頃に名づけられた）は、光より速く進む粒子だ。そうなると、時間をさかのぼらざるをえなくなる。

この含みは、レジナルド・ブラーというイギリス系カナダ人生物学者が、一九二三年、『パンチ』誌に発表したリメリック〔笑える内容を五行で表す詩〕でおもしろく描いたものが有名だ。

ブライトなる娘、
光より速く旅をした
その日も出かける
相対論式に
帰ってくるのはその前夜

どうしてそういうことになるのかについては、後で説明する。

もう一つの過去への行き方は、時間旅行をする人にとっては時間を前に進んでいるように見えて（時計は平常通りに進む）、時空の通り道が過去につながるように曲がっているところを進むことだ（ジェットコースターでループをくるりと回るように）。このようなループは、物理学では「閉じた時間的曲線」と呼ばれ、近年は、理論的な研究対象としてまともに取り上げられている。

もちろん、タキオンや時間的曲線のことを言うのは、時間旅行のパラドックスをあっさり捨て去るつもりがないということだ。棄却するのは簡単なことだ。過去への（前章で見たような一種の未来への時間旅行とは逆の）時間旅行は論理的にありえないと言うだけで、本章はあっさり終わることになる。そんなことはせず、この、私がこれまでに出会った中でもいちばん歯ごたえのある科学のパラドックスを、今わかっている物理学の法則で認められる範囲内のこととして解決するつもりだ。タキオンや時間的曲線を本格的に取り上げようとしていることに驚かれるかもしれないが、アインシュタインの相対性理論によって、一定の条件下という制限つきとはいえ、また、数学をひねくり回すことによるしかないとはいえ、二〇世紀の半ばの頃からすでに、過去への時間旅行の可能性が実際に認められている。アインシュタインの特殊相対性理論によれば、第一のタイプの時間旅行（超光速移動による逆向きの因果関係）が可能となり、一般相対性理論によると、もう一つの、もっと伝統的な形の、時間的曲線を介した時間旅行がありうる。論理学者のクルト・ゲーデルは、一九四〇年代にプリンストン高等研究所でアインシュタインと同僚になり、そのような過去への時間旅行が、少なくとも理論的には、自然法則に違反することなく――現にある、すでにお目にかかっているパラドックスは別として――ありうることを数学的に証明した。そこでアインシュタインの評判を落とさないようにすることができるとすれば、このパラドックスと真正面から向き合わなければならない。

光より速く

まず、なぜ光より速く移動することが時間をさかのぼることになるかという問題を取り上げよう。そのために、第5章で見た「小屋の中の長い棒」の設定を利用する。おさらいすると、小屋の中にいて、亜光速で走ってくる人を見ると、その人が持っている棒の長さが縮む。見ているほうからすると棒が小屋より短いので、表と裏の扉を同時に閉めて、わずかな時間でも棒を小屋の中に閉じ込めることができる。原理的には、棒の後端が入り口を通過した瞬間に表の扉を閉めても、まだ裏の扉を閉じる前ということはありうる。棒は小屋より短いので、棒の後端が小屋に入る時（表の扉が棒の後ろで閉まる）と、棒の先端が小屋の裏口に達する（そのときには裏の扉がまた開いて、棒を通さなければならない）時のあいだに、ほんの短い時間がある。そのわずかに開けた好機に、裏口の扉を閉めることができることになる。つまり、繰り返すと、見ているほうの座標軸では、表の扉を閉めて、それから裏の扉を閉めるということは可能だ。

さて、裏の扉を閉める動作が、それより先に表の扉を閉じることで引き起こされるとしたらどうだろう。こうすると、裏の扉が閉まる（結果）のは、表の扉を閉めた（原因）からということで、出来事の順番が固定される。この、原因が結果より先になければならないという必要性は、「因果性」と呼ばれ、自然界では重大な概念だ。何かの結果がその原因に先立つのを見れば、因果性に違反し、いろいろな論理的パラドックスをもたらす。たとえば、私がスイッチをパチンとやって電灯を点けるとすると、私の動作が原因で、部屋が明るくなるのが結果だ。ところが、私の横を亜光速で通り過ぎる人は、まず灯りがついてから、スイッチが入るのを見るとしてみよう。するとその人は、原理的には、灯りが点いた後から、私がスイッチを入れるのを止めることができる。「同時性の相対性」によれば、互いに亜光速で運動している観測者は、出来事と出来事のあいだの時間が違うと見るだけでなく、二つの出来事の間隔が十分小さければ、順番が逆転することもある。この種の因果関係が逆転するパラドックスが生じる場合こそ、まさしく、光速より速い信号が認められるときだ。

この点をもっと明瞭に見るために、また小屋の中の長い棒の例に戻ろう。思い出しておくと、走ってくる人は、小屋の長さが短くなって棒は中に収まらないと見る。その座標軸は、小屋の中でじっと立って見ているほうの座標軸と変わらず妥当だが、その座標軸では、二つの扉の開閉は一定の順序をたどらなければならない。表の扉が閉まる前に裏口が閉まって、棒の先端が通り抜けられるようにまた開かなければならないのだ。この出来事の順番でこそ、棒は小屋に妨げられることなく通過して、しかも扉はつかのまでも閉まることができる。けれども、裏口の扉が閉まるのは表の扉が閉まってから信号が送られるからだとしたら、走るほうは、出来事が逆順に起きて結果が原因より先に来るのを見ることになる。そこが問題だ。

それでも、相対性理論はこれをすべて文句なく説明し、堅固な数学で支持されている。次のような筋書きを考えよう。地球でスイッチを入れると、月で灯りが点くような実験を準備する。光が地球と月のあいだの距離を進むには一・三秒かかるので、月への信号が光速で伝わるなら、灯りが点くのが望遠鏡で見えるのは二・六秒後ということになる（光が「往復」するために必要な時間）。けれども、光より速い信号を送れたとしたらどうなるだろう。二秒後に灯りが点くのが見えたら、それはスイッチを入れた時と光った時のあいだにかかる時間が〇・七秒（二秒マイナス一・三秒）だけということになる。これは文句なしにありうるように思えるかもしれないが、相対性理論は、自然界ではこれはありえないと言う。

ゆるぎなく納得しようと思えば、実際に計算をしなければならない――でなければ、私の言うことをそのまま受け取ってくれていい。月に向かって亜光速で飛ぶロケットに乗った人にとっては、月の灯りは地球でスイッチを入れる前に光ったと見えるだろう。するとこの搭乗員がまた超光速の信号を使って、月で光るのを見たと連絡できることになる。この信号は時間をさかのぼって進むように見え、スイッチを入れる前に受け取ることさえありうる。それならと、スイッチを入れないことにするかもしれない。そのような状況を避ける唯一の方法は、超光速の信号はないとすることだ。

物理学者が光より速く伝わるものは何もないと信じる理由の一つがこれだ。何でもありえてしまうと、本物のパラドックスになってしまう。これで第一のタイプの時間旅行は排除されると言っておこう。

では時空でくるりと回る時間的曲線についてはどうか。

ブロック・ユニバース

時空の通り道をもっとよくイメージするためには、「ブロック・ユニバース」(ブロック形宇宙)という概念を紹介する必要がある。時間と空間を統一的に描く、単純ながら要所をついた方法だ。

宇宙を巨大な直方体の箱と考えよう。さて、時間という一次元をさらに加えたければどうなるか。するとブロック・ユニバースと呼ばれる、四次元が合わさった一個の時空が得られる。けれども、四次元では考えられないので、実際的に使えるイメージを用意するには、わかりやすい単純化を考えなければならない。つまり、空間の次元のうち一次元を犠牲にして、三次元の立体を、ブロック・ユニバースの表面の一面をなす二次元のシートにつぶしてしまおう。すると、表面に対して垂直に、左から右へ向かう次元(第三の次元)を時間軸として使える。この直方体を巨大な食パンと考えよう。スライスした一枚が、ある時点での空間全体の一コマであり、並んだスライスが時間の継起に相当する。もちろんこれは、空間を三次元ではなく二次元にしているのだから、実際には正確ではない。けれども、時間軸をイメージするのには役立つ方法となる。左図にブロック・ユニバースの思い浮かべ方を示す。

　この図のいいところは、ある場所で、ある時刻に起きる出来事が、何でも箱の中の一点で表せるということだ（図のx）。さらに重要なことに、これで、過去も未来もすべての出来事が、この無時間の静止したブロック・ユニバースの中で同時に存在して、時間全体が目の前に並んでいるのを見ることができる——ランドスケープ〔土地の眺め＝風景〕ならぬタイムスケープ〔時間の眺め〕というわけだ。

　けれども、これは現実とのつながりがあるのだろうか。それとも、役に立つ視覚化の道具にすぎないのだろうか。たとえば、この静止的な時空モデルと、時間が「流れる」という現実の感覚とに、どうつながりがあるのだろう。物理学者の見方は二つ。常識で言えば、私たちの「今」は「一枚」の空間で、それ以前の時刻の

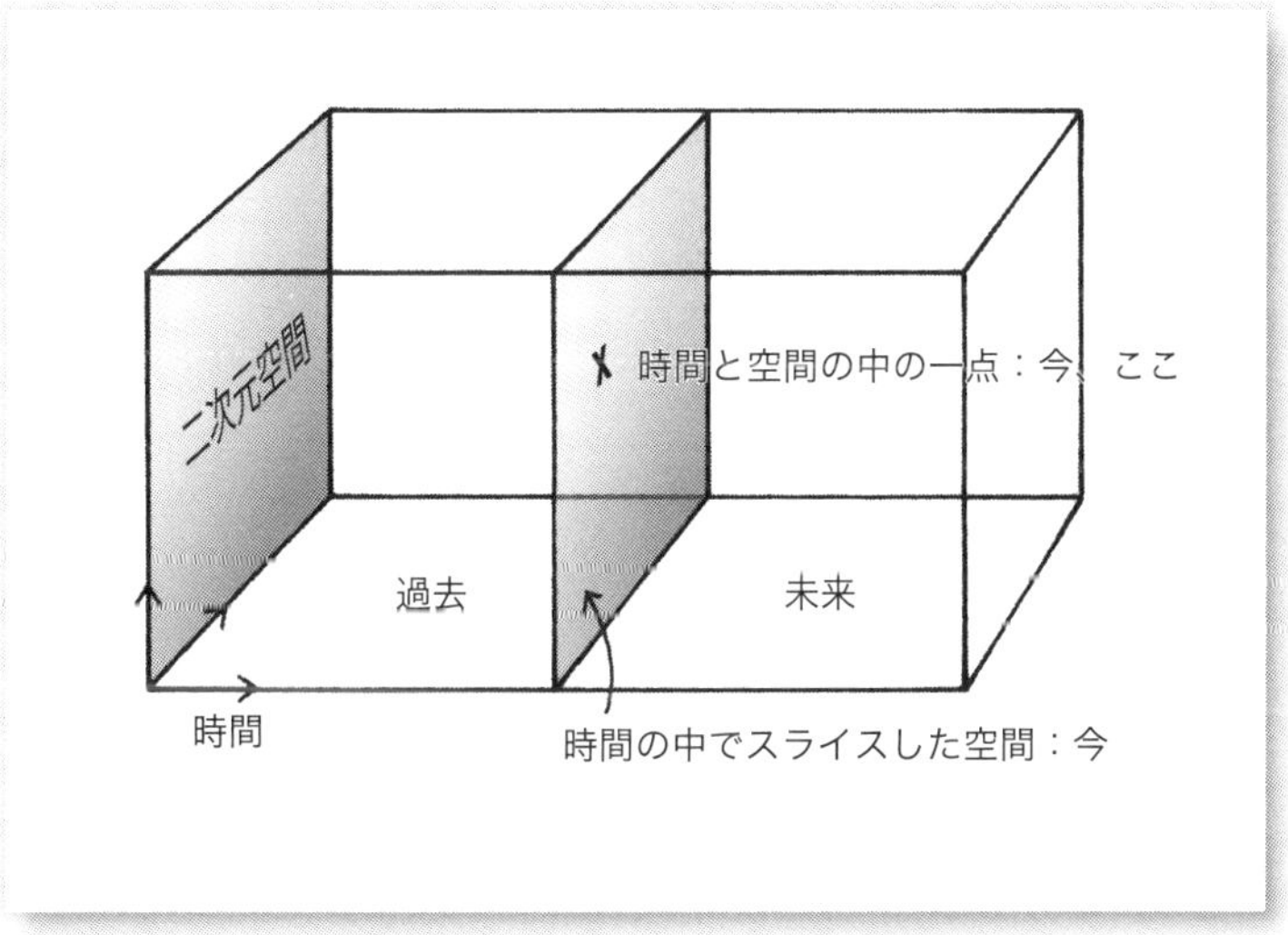

図 7.2　ブロック・ユニバース

宇宙はこの一枚の左にある領域、未来の宇宙は右側の領域で表される。この、時間全体——過去、現在、未来——が目の前に凍結して並んでいる全存在の姿は、実際には決して得られない。自分を宇宙の外に引き出すことはできないからだ。私たちの「今」は左から右へ進み、瞬間から瞬間へ、映画のコマのように、スライスしたパンの一枚一枚を移って行く。

もう一つの見方は、現在の瞬間という概念をまったくなくして、過去、現在、未来は共在し、すでに起きたこと、これから起こることすべてが、ブロック・ユニバースで並んでいるとすることだ。この構図では、未来はあらかじめ決まっているだけでなく、すでにもうあって、過去と同じように変えられず、固定されている。

こうなると、とうてい便利な視覚化ではすまなくなる。時間と空間がアインシュタインの相対性理論で記述されるような現実の宇宙に織りあわされていることによって、この見方をとらざるをえなくなる。二つの別個の出来事、AとBを考えよう。因果関係でつながっていてもいなくてもよいが、AはBとは別の場所で、Bより先に起きる。アインシュタイン登場以前の私たちの時間と空間の理解によれば、出来事Aと出来事Bのあいだの空間的距離、時間的距離は別々のもので、またすべての観測者にとってそれぞれは同じと想定されていた。ところがアインシュタインは、二人の観測者が互いに対して運動しながらこの二つの量（時間と距離）を測定すると、どちらについても同じ値にはならないことを明らかにした。しかしこの観測者を時空に置くと、ブロック・ユニバースの中では、二つの出来事の時間の部分と空間の部分を一緒にまとめた「距離」については、すべての観測者が一つの値で一致する。時空の中でのみ、全員が一致できる絶対の数値が得られるのだ。これが相対性理論にとっては重要なことだった。もちろん、ここでの関心の対象はそのことではない——ただ、遊びでブロック・ユニバースのようなものをでっちあげているわけではないことは言っておきたかった。

すべての時刻がブロック・ユニバースに並在することで、時間旅行の概念はぐっと可能性が高まるように見える。時間をさかのぼって特定の時点に移動できるとしても、そこにいる人々からすれば、私たちはそちらの現在の時点、そちらの「今」に、未来から来て到着することになる。あちらにとっては、未来は現在と同じように実在している。するとともあれ、私たちの「今」をあちらの「今」と比べて特別にするものは何だろう。私たちの現在が本当の「今」で、あちらはただ現在にいると思っているだけだとは言えない。私たちも、私たちにとっての未来から私たちの現在にやって来た時間旅行者を想像することができて、その旅行者からすれば、私たちは過去にいることになるのだ。つまり、私たちの未来も過去も——要するにあらゆる時刻が——一緒に存在していなければならず、すべてが現実として同等だということになる。ブロック・ユニバースのモデルが教えてくれるのはそういうことだ。

ブロック・ユニバースでの時間旅行

根本的なことを言うと、時間が実際に流れているとしても、それがどう「流れている」か、誰も本当のところは知らない。ただ少なくとも、方向、つまり時間の矢印は指定することができる。この矢印は、私たちが出来事の順序を定められるということを意味する抽象的な概念だ。これは過去から未来の方向を指し、前の出来事から後の出来事の方向を指す。それがものごとの起きる時間の中での方向だ。それは熱力学の第二法則によって課せられるものと考えよう。この矢印は、DVDプレーヤーの「再生」ボタンにある「▶」印のようなものだ。早送りしようと巻き戻しをしようと好きにできるが、それでも中身の動画は特定の方向へ進むのであって、逆方向ではない。

そんな制約はあるが、ブロック・ユニバースは広大なDVDの動画のようなもので、過去でも未来でもある時点から別の時点へと飛び移る自由があるように見える。動画の中のどの時点も他の時点と同じく実在するのだから、本当の現在の瞬間というのはない。すべて並在している。すると、現実の宇宙でもそういうふうに時間をコントロールすることは可能だろうか。過去や未来の時点は本当にどこかにあるのだろうか。すでにできていて、したがって自分の今として知覚しているものに劣らず実在しているのだろうか。そうだとすれば、私たちはそこへどうやって行けるのか。それが肝心な問題だ。空間のある地点から別の地点へと移動できることはわかっている。それならば、時間でもできるのではないか。

時間旅行のパラドックスにありうる答え

物理学者は、理論による予測をテストするのが難しいとなると、「思考実験」と呼ばれるものに頼ることがある——物理法則には違反しないものの、非現実的すぎる、あるいは仮説的すぎるため、実験室で実際に行なうことはできない、理想化された架空の筋書きのことだ。その一つに、「ビリヤード台タイムマシン」と呼ばれるものがある。これを使って、何かを過去へ移してそれ自身と遭遇させるとどうなるかを考えることができる。数学的な論理はどう予測するだろう。

球が一個、ビリヤード台のポケットに落ちる。そこに仕掛けがある。ポケットは、ばね仕掛けを備えた他のポケットの一つと、タイムマシンを介してつながっていて、球は入ったポケットに落ちるより前の時刻のテーブル上にはじき出される。それによって、ポケットに入る前の当のその球と衝突する可能性が出てくる。

この思考実験では、そもそもパラドックスにならないような状況だけを認めるとすれば、一定のパラドックスは実は簡単に避けられる。物理学者はそれを「無撞着解《むどうちゃくかい》」と呼ぶ。たとえば、球は時間をさかのぼり、別のポケットから出て来て、さっきのそれ自身の動きを変えるが、実はそのために先のポケットに入ることになる、というふうにすることができる。それがまた時間をさかのぼって……というわけだ。これに対し、そのボールがポケットから出て来てさっきの自分と衝突すると、さっきのポケットを外すことになるような状況は、それではパラドックスになってしまうので、許容されない。

時間旅行のパラドックスの根底には、私たちの宇宙では過去は一通りだけという考え方がある。すでに起きたことは変えられないということだ。原理的には、私たちは過去へ旅行して歴史に好きなだけちょっかいを出すことができる。ただし、何をしようと、それは結局、もともとそうなったことを起こすだけになる。歴史の流れを変えることは決してできない。私たちは宇宙から切り離せない一部であり、過去において繰り広げられた出来事の記憶を伴っている。要するに、起きたことが起きたのだ。

時間旅行者が過去へさかのぼってちょっかいを出したからこそ、ビリヤード台タイムマシンのときのように、結局そうなったとおりのことになったのだという筋書きを考えることさえできる。

では、時間旅行では「無撞着解」のみを許容することにしてしまえば、パラドックスをすべて解決できるだろうか。答えは断固「ノー」だ。確かに表面的には説得力もある。過去に戻ってもっと若いときの自分に会えるとしたら、それは過去に自分のところへ時間旅行してきた年上の自分がやってきたことを覚えている場合だけということだ。もしそういうことがないのなら、自分と会わなかったわけで、そういうことは起きない。同様に、もっと血なまぐさい祖父殺しのパラドックスの場合、祖父を殺すことは決してできない。そもそも自分が生まれて時間旅行者になったということが、殺せなかったことの証なのだ（どんな理由があったとしても）。

ところが、これでは先に触れた別形のパラドックス、タイムマシンの設計図が、作られることなく時間の環に収まるというようなものについては、回避する助けにはならない（この例からの唯一の逃げ道は、元の科学者が設計図を見つけて、中身を見ないで破ってしまい、その後、自力でタイムマシンを作り、あの設計図を作って以前の例の棚にそれを置くとすることだ。設計図を見てから捨てるのでは十分ではない。タイムマシンの作り方という情報が時間の環に入ってしまうからだ）。

もう一つ、無撞着解論法でも、まだ熱力学の第一法則違反の説明はつかない。タイムマシンとその中身が過去に予告なくやってきたら、その時点の宇宙に、未来から借りてきたものとはいえ、質量とエネルギーを新たに加えることになる。

真の時間旅行にはマルチバースが必要

これまでに、時間旅行についての理論はおおかた取り上げたが、この半世紀のあいだに理論物理学から現れた中でも最も奇妙とはいえ特筆すべき考え方である「平行宇宙論」を見ておこう。もともとは量子論の世界の話で、原子が同時に複数の場所にありうるとか、調べ方によって、位置が特定される微粒子でもありかつ広がった波でもあるとか、二つの粒子が互いに宇宙の正反対の側にいても、瞬間的に連絡できるように見えるとか、さらに奇怪な帰結や観測結果の一部に説明をつけるために考えられたものだ。このような現象は、それ自体がパラドックスに見えるし、第9章で「シュレーディンガーの猫」にお目にかかるとき、その話に戻ってくる。しかしこの平行宇宙論について本章でとくに目が向くのは、時間旅行の可能性と関係する点だ。

平行宇宙論は、登場したての頃、量子力学の「多世界解釈」と呼ばれていて、それによれば、素粒子が複数の選択肢から選ばなければならなくなると、宇宙全体が、選択肢の数と同じ数の並在する実在に分かれるのだという。この見方によれば、無限個の宇宙があり、私たちがいる宇宙からどれくらい前に分かれたかによって違い方の程度が異なるが、それぞれの宇宙は私たちがいる宇宙と同等に実在している。初めて聞くとばかげているように見えるが、量子力学から出てくる他のやはりおかしなことと比べれば、常軌を逸しているわけではない。

何十年ものあいだ、多世界解釈は物理学の珍品扱いで、SFの素材にとどまっていた。これまで、平行宇宙が実際に存在するという実験的証拠は何も見つかっていないし、他の世界と接触できるようにする方法もない。他の世界や次元がすべて存在するような余地がありうるとは、とうてい言えないように見えるかもしれない。何と言っても、私たちの宇宙だけでも無限に広がっているかもしれないのだ。他の宇宙がどこに存在できるというのか。他の宇宙について考えようがあるとすれば、ブロック・ユニバースが幾重にも重なっているようなものということになる。すべてが同じ時間軸を共有しているが、空間の次元はそれぞれ別で、重なり合って並在しているが、量子レベル以外では決して相互作用しない。

もっと近年になると、互いに枝分かれする宇宙という多世界解釈は、量子多元宇宙《マルチバース》と呼ばれるもっと精巧な理論に置き換わってきた。この考え方によれば、宇宙はいつもいつもそれ自身の多数のコピーに分かれるのではなく、もともと無限個の平行宇宙が共存し、重なっていて、それぞれ他と同じく実在しているという。先に見たブロック・ユニバースが、いきなり大混雑になった。それでもこの考え方には、一個のブロック・ユニバースによる、定まっていて静止的な未来が一つだけある世界よりも有利なところがある。今やありとあらゆる未来が開かれ、私たちの自由意志も取り戻せる。私たちが行なう選択は、ありうるすべての時空につながっていく――そして私たちの宇宙となる経路を選択するのは私たちだ。私たちに開かれているありうる未来の選び方は無限にあって、マルチバースで並在している宇宙の無限の全体に対応している。

突如として、本当の時間旅行が可能になる。私たちの時空には、無限個の未来と無限個の過去のうちの一つだけが含まれる。マルチバースでの過去にさかのぼって旅行することは、ふつうに未来へ進んで行くのとまったく変わりがない――選べる未来がたくさんあるように、行ける過去もたくさんある。時間旅行は時間がぐるりと回る環をたどって、そのありうる過去の一つへ行くということだ。それはつまり、過去への時間的曲線が、ほとんど必然的に、私たちを近くの平行宇宙にある過去へ滑り込ませるということになる。こんなふうに考えてみよう。自分の時間をやりなおせて、同じ行動をして同じ選択をするとしよう。けれども、どんなに正確に同じことをしようとしても、二度目には何かが違っている――必ずしも少し違う選択をしたからというのではなく、おそらくどこかで別の何かが、時空の別の経路をたどっていて未来を変えるからだ——そしてわずかに違う未来に行き着く。過去に戻っても同じことになるだろう。自分の宇宙の過去に行き着くことはない。それはきわめて確率が低いのだ。圧倒的に高い確率で、自分の宇宙とほとんど同じ別の宇宙の過去へ移ってしまうことになる。実は、それぞれの宇宙の複雑さを考えれば、新しく行った宇宙と元の宇宙を区別することができるというのは、ほぼありえない——介入を始めるまでは。

ひとたびそこへ行けば、自分が好きなように過去を変えられる。そこはもう自分がいた過去ではないからだ。行った先の平行宇宙での出来事は、元の宇宙がたどったとおりである必要はない。ただし、一つ忘れてはならないのは、元いた宇宙の元いたところに戻る道が見つかる可能性も非常に低い——選べるところがありすぎるのだ。

次にマルチバース説が祖父殺しのパラドックスなどの時間旅行パラドックスをどう解決するかを見よう。まず、元のパラドックスから始めると、今や、たどり着いた新しい宇宙で祖父を殺すことができる（やはり気持ちのいいことではないが）。その宇宙では自分は生まれないということだ。科学者とタイムマシンの設計図の例も明快になる。時間旅行する科学者は、かつての自分が設計図を使ってタイムマシンを作るかどうかを選べる平行宇宙に滑り込む。時間旅行しないことになってもパラドックスは生じない。

質量とエネルギーの保存という問題さえ解決する。この法則は個々の宇宙それぞれに適用されるのではなく、マルチバース全体に適用することになるからだ。自分を作っているエネルギーと質量は、ある宇宙から別の宇宙へ移るだけで、マルチバース全体の質量とエネルギーの総和は変わってはいない。

宇宙と宇宙をつなぐ

マルチバースという構図で取り上げなければならない問題の一つに、因果関係というやっかいな問題がある。自分が行き着く平行宇宙は、こちらがやって来るのをあらかじめ知っているように見える。タイムマシンで連れて行かれる旅の目的地（もう別の宇宙になっている）は、元いた宇宙の出発地よりも前の時点なので、予告なしに到着しても、宇宙の物理法則をみたさなければならないだけでなく、こちらが行なう選択やそれでもたらされる変化は、もし過去に戻っていなければ起こらなかったことになる。これは本当に自分の宇宙の過去に戻るというパラドックスの改善となるのだろうか。平行宇宙ですでに起きている出来事は、元の宇宙の未来にいる自分が過去に戻ることを余儀なくしているように見える。原因と結果がまったく別の現実にあれば、因果性に違反してもいいのだろうか。やはりやっかいに思えるだろう。

そこからは抜け道があるが、それにはタイムマシンが作られ、スイッチを入れられなければならない。ただし、こちら側ではなく、行き先の過去の側で。双方の宇宙の接続路が、時間的に前に作られている。この接続が確立してしまえば、両宇宙間の往復旅行が可能になるはずだ。そして一般相対性理論が、少なくとも理論的には、こちらの宇宙と平行宇宙を、まさにそのように結び合わせる方法を認めている。それは時空の「ワームホール（虫食い穴）」と呼ばれる。

　ワームホールは、現実の世界に存在するとは考えられない、時空そのものの生地における仮説上の構造だ。ただし、理論では（しかも時間と空間の性質についての、今のところ最善の理論では）許容されているので、ぎりぎり、それが存在しうる可能性を考察することができる。その親戚で、今ではたいていの物理学者や天文学者が、宇宙に実在していて、星がつぶれたり、銀河の中心だったりのとてつもない圧力のもとで物質が押し込まれてできると確信しているブラックホールとは違い、ワームホールのほうは、この宇宙では自然に存在するとは思われていない非常に特殊な条件の下でのみ発生する。それ

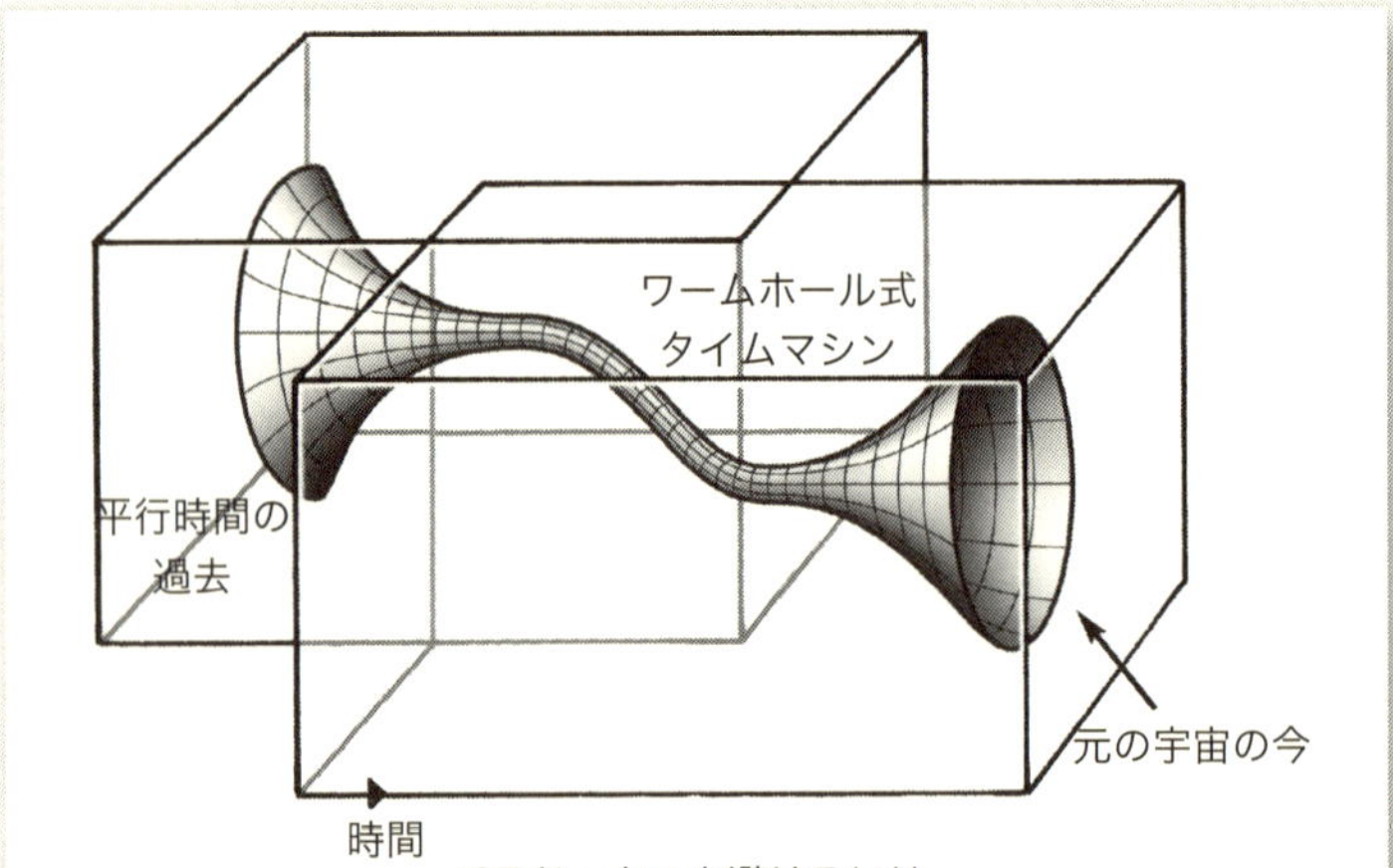

パラドックスを避けるには、
ワームホールが平行宇宙の過去とつないでくれる必要がありそうだ。

図 7.3　時空に開いたワームホール

でも、少なくとも理論では、ワームホールがあれば、時空にできた近道になる。こちらの宇宙を出て、同じ宇宙のまったく別の時代、別の場所につながったり、平行宇宙につながったりする。最終的に時間旅行の望みをもたらすのは、そういう時空のトンネルだ。

これでめでたく祖父殺しのパラドックスやその類を、物理学の猛攻にはひとたまりもない、ただ「パラドックスに見える」だけの地位に追いやっただろうか。実はそうではない。パラドックスを解決する可能性のある方法を紹介してきたが、その過程で推測の領域が紛れ込んできた。もちろん物理法則は破っていないが、マルチバースや時空のワームホールは、まだ通常の科学の外にある。考えるぶんにはおもしろいが、検証はできない……少なくとも当面は。

時間旅行者はいったいどこに？

時間旅行の可能性を否定する論拠としてこんな問いを用いる人が大勢いる。時間旅行で過去へ行けるようになるとしたら、きっと今の時代を訪れることにした時間旅行者もいて、そういう人たちがその辺をうろうろしているはずではないか。ところが今のところ、そういう人に出会った事例はない。きっとそれが、タイムマシンは永遠にできないことの証拠なのだ、と。

平行宇宙もワームホールも存在しないからとか、アインシュタインの相対性理論にまだ見つかっていない改善点があって、それが時間旅行を排除するからとかの理由で、過去への時間旅行は結局無理だということになるかもしれないが、それはそれ、時間旅行者が身のまわりにいないというのは、論拠としては欠陥がある。二つの時間の間のリンクは、ワームホールを介したものでも、何か他の手段によるものでも、時間旅行者が時間をさかのぼり始めた瞬間にできると考えるところに間違いがある。実際はそうではない。タイムマシンができて（スイッチを入れて）時間旅行の可能性ができた瞬間にできる。二二世紀あたりになって、タイムマシンの作り方がわかって、それが実現した時点の後に使った場合、それが実現した時期に戻ることはできても、それ以前の二一世紀まで戻ることはできない。それは、タイムマシンを作るということはマルチバースにある別の時間をつなぐことだからだ。それ以前のあらゆる時代は永遠に失われ、もはや「通行可能」ではなくなる。つまり、先史時代へ戻るという可能性は排除される――時空のどこかにものすごく古いワームホールができたというような、自然にできたタイムマシンにたまたま出くわすというのでもないかぎり。

つまり、時間旅行者が今日そのへんで見かけない理由の一つは単純で、タイムマシンがまだできていないからだ。

実は時間旅行者がいない理由は他にも山ほどある。たとえば、マルチバース理論が正しければ――私は時間旅行が可能ならそうでなければならないと言っているのだが――私たちのいる宇宙は、たまたま時間旅行者が来ていない運のいい宇宙というだけのことだ（平行宇宙ですでにタイムマシンができているとして）。過去への時間旅行は、まだ見つかっていない物理法則で禁じられているという理由も考えられる。もっとつまらない理由もあるかもしれない。身のまわりで時間旅行者を見かけると期待するのは、旅行者がこの時代を訪れたいと思うことが前提になる。ひょっとすると、旅行者にとっては、他に行きたくなるような、もっとおもしろくて安全な時代があるのかもしれない。あるいは、未来からの旅行者は実はいて、目立たないようにしているだけかもしれない。

第8章
ラプラスの魔物のパラドックス

自らの未来を予測するコンピュータ

「予測は非常に難しい。とくに未来については」。デンマークの量子物理学者ニールス・ボーアはそう言った。あたりまえのどうでもいいような言葉に聞こえるかもしれないが、ボーアの発言にはよくあるように、その背後に、運命、自由意志、未来の実現のしかたを決める私たちの能力などの性質について、深い考えが隠れている。

まずはパラドックスを立てておこう。フランスの数学者、ピエール＝シモン・ラプラスは、マクスウェルがその魔物を考えるより半世紀前に、架空の魔物を考案した。ラプラスの魔物はマクスウェルの魔物よりもはるかに強力だ。容器にある空気分子すべてどころか、宇宙にあるすべての粒子について、正確な位置と運動の状態を知る能力があり、その粒子がどう相互作用するかを記述する物理学の法則もすべて理解している。すると、このような全知の魔物なら、原理的に、宇宙が時間経過とともにどう進展するかを計算し、未来の状態を予測できることになる。けれどもそうだとすると、魔物はこの情報に基づいた行動をすることもできる。わざと予測とは違う未来になるような行動をして、自分の予測が間違っていて、未来を予測する能力も怪しくなるようにすることもできる（自分の計算に自分がとる行動を入れていたはずなのだから）。

以下に、パラドックスを鮮明にするための冗談のような例を挙げる。この魔物が実は巨大なスーパーコンピュータで、処理能力もメモリの容量も十分にあって、宇宙の細かいところまで、コンピュータそのものを構成する原子や回路を流れる電子すべてにいたるまで、知ることができるとしよう。この情報があれば、未来がどう展開されるか、正確に計算できるだろう。オペレータから与えられるのは単純な命令で、おそらくそういう指示がくると予想されていてもおかしくないようなものだ。

そのコンピュータがまだ存在する未来を計算したら自己破壊し、もうそのコンピュータが存在しない未来を予測したら（自ら壊れてしまっているのだから）何もしない。

繰り返すと、自分がまだいる未来を予測したら、それはなくなるし、自分がない未来を予測したら、それは残る。いずれにせよ、予測は間違っている。結局、このコンピュータは残っているのかいないのか。

本書の他のパラドックスと同じく、このパラドックスを解決すると、現実に関して核心に触れることが語られ、単なる哲学的な議論をはるかに越えたところにさまよい出る。ラプラス自身は、自分の魔物がパラドックスにつながることに気づかなかったらしい。実際には、ラプラスは単に「知性」とだけ言っている。元の表し方ではこうなる。

宇宙の現在の状態は過去の状態の結果であり、未来の状態の原因だと見てもよい。ある時点で自然を動かしているあらゆる力と、自然を構成するあらゆる項目の位置を知っている知性を考えてみよう。そういう知性がそのデータを解析にかけられるほど広大なら、宇宙の最大の物体の動きも最小の原子の動きも一本の式に取り込んでしまうだろう。そのような知性にとっては不確実なことは何もなく、未来は過去と同じく、その眼前に現在することになる。

ピエール＝シモン・ラプラス『確率の哲学的試論』（一八一四）

ラプラスはパラドックスを求めてはいなかった——この仮説を用いたのも、宇宙は「決定論的」であるという、当時異論の余地はないと広く信じられていたことを浮かび上がらせるためだった。この「決定論的」という言葉が本章のパラドックスの中心部分なので、その意味を理解し、きちんと定義する必要がある。決定論とは、未来は原理的に予想できるということだ。けれども、先のパラドックスは、この可能性を排除しなければならないことを言う。ラプラスは間違っていて、この宇宙は決定論的ではない。しかし、これから見るように、今の物理学理論には一定のただし書きや不確実部分はあっても、この宇宙は確かに決定論的だと信じる理由はいくらでもある。これは、私たちの運命はすでに定まっているのだから、自由意志のような考え方は捨てなければならないということだろうか。するとその場合、ラプラスの魔物のパラドックスはどう解決するのだろう。

この状況を、前章の時間旅行のパラドックスと手短に比べてみてもよい。先の場合には、過去が固定されていて私たちに知られていたが、それを変えてパラドックスを起こさせるべく、その過去へ行かなければならなかった。今度のラプラスの魔物は未来を知っているが、時間旅行は必要ない。未来がやって来るのを待つだけで、待っているあいだに現在に干渉して、別の未来が生じるようにする。

あまり科学的とは言えないが、時間旅行を排除する一つの方法は、過去への時間旅行は単純に無理なのだと言い張ることだ。けれどもラプラスの魔物の場合、時間旅行は不要だし、魔物が未来を逃れることはできない。魔物が何もしなくても未来はやって来るので、パラドックスの解決には別の説明が必要になる。往々にして最も単純な選択肢が正しいもので、ここではきっと、固定された過去とは違って、未来はまだ決まっていないということにちがいない。魔物に「見える」とされるのは、ありうる未来の一つにすぎない。魔物が――願わくは私たちが――自由に選択できるとなれば、宇宙は決定論的ではありえない。なかなかよさそうだが、これこそラプラスの魔物のパラドックスを解決するものかと言うと、必ずしもそうでもない。

この単純な解決が十分でない理由を明らかにするために、次のような想定をしてみよう。スーパーコンピュータを使って宇宙の未来の状態を計算する――何十年もかけて巧妙な実験を行ない、多くの一流科学者の貢献による進歩を経て到達した、物理学の驚異の新理論が得られている未来だ。この理論は一組の美しい方程式にまとめられている。この情報をコンピュータに語らせれば、それによって人は、将来そこへつながる長い科学研究の道をたどる必要から解放される。答えを教わった研究者は、コンピュータに感謝してスイッチを切り、自分は何もしていないのに、ノーベル賞がもらえる成果だと宣伝に出かける。

問題はこういうことになる。コンピュータが、潜在的に無限にある未来の可能性の中から一つを予測して、それがまさにこの深遠なる科学的発見が行なわれる未来だったとしたら、そこには本当の予測と言えるところは何もないことがわかる。偶然にそのアイデアに行き当たったのと、まったく変わりはない。よく知られた「無限の猿定理」というのに似たところがある。でたらめにタイプライターのキーを叩く猿でも、無限の時間があれば、あるとき、ただの偶然で、シェイクスピアの全作品を打ち出すことがあるという。つまり、この手の説明から学べることは何もない。また、コンピュータが科学の新しい「万物理論」に、これと同じような偶然で到達できるというのはありえないことではないにしても、そういうことになる確率はあまりに低いので、無視してもよい。もちろん、コンピュータが現時点から始めて、今の知識の状態と、世界の一流理論物理学者の思考の流れも、将来行なわれうる実験のアイデアも考慮しているかもしれない。その結果、猿がでたらめにキーボードをたたいて同じ理論に達するほど可能性が低いわけではないかもしれない――それでも、その結果が生じる可能性は、やはりゼロに等しいほど小さい。

とはいえ、もちろんパラドックスから脱出する文句なく妥当な道があって、ここで本当のことを言ってもいいだろう。少々もったいぶっているような言い方をしているのは、パラドックスと言うわりには解決があたりまえのことだからだ。私は、このスーパーコンピュータの処理能力について、それは何でも知っていると言ったが、これは自身の内部構造も細部にいたるまですべて知っており、したがってそれ自身の動作も予測できるということだった（膨大な処理能力はあっても自己意識はなく、自分がそうなると自分で予測することと以外のことをして自分を裏切れることは知らないと想定しているのだから、このコンピュータに自由意志があるかどうかという問題はおいておく）。この想定が破綻するのは、このコンピュータがそれ自身を構成するすべての原子、すべての電子の状態を知っているとはどういうことかと考えるときだ。コンピュータは、その情報をメモリに蓄える必要がある。それ自体が原子をある特定の形に並べてできたもので、それ自体がコンピュータが保持する情報の一部となり……というわけだ――もちろんそれがパラドックスであり、コンピュータがそれ自身についてすべて知りうるという可能性を排除している。したがって、コンピュータは未来を予測しようとして行なう計算に自分自身を含めることはできず、それはつまり、コンピュータがもつ宇宙についての知識は不完全だということだ。

以上の論証で、十分にラプラスの魔物を排除できる。けれども、だからといって、このパラドックスについてこれでおしまいということになるだろうか。そんなことはない。未来を知る可能性を浮かびあがらせようとして、私たちは決定論的宇宙に住んでいるのかそうではないのか、これは私たちが自分の行動を行なう自由とどう関係するか、未来はあらかじめ定められていて固定されているのか、といったことに関する問題が入ったパンドラの箱を開けてしまった。科学には、そうしたことについても言えることがある。

決定論

決定論と予測可能性とランダムさという三つの概念を慎重に区別するところから始めよう。

まず、「決定論」という言葉は、哲学者が因果的決定論と呼んでいる、過去の出来事が未来の出来事の原因であるという考え方の意味で使う。したがって、この観念を論理的につきつめると、すべては一連の出来事の結果として起き、この出来事の連鎖をさかのぼると、宇宙の誕生そのものまでたどれるということになる。

一七世紀にはアイザック・ニュートンが、新たに理解された微積分という数学を使って、力学の法則に達した。ニュートンは、その微積分の発達にも貢献している。ニュートン方程式によって、科学者は、砲弾の発射から惑星運動にいたるまで、物体がどう動き、物体どうしがどう相互作用するかを予測できるようになった。ニュートンの式を使うと、質量、形、位置などの物体の物理的属性の値が速さや物体にかかる力などとともに簡単な方程式に入れられ、将来の任意の時点での物体の状態に関する情報を提供できる。

そのため、その後の二世紀にわたり、自然法則がすべて知られれば原理的には宇宙のあらゆる物体の未来の動きを計算できると、広く信じられるようになった。私たちの宇宙では、万物が——あらゆる運動、あらゆる変化が——あらかじめ決まっているというわけだ。自由な選択もなく、不確定部分も偶然もなかった。このモデルはニュートンの時計仕掛けの宇宙と呼ばれるようになる。一見すると、すでに起きたこと、将来起きることのすべてが、目の前の時間の中に固定されて並んでいる、アインシュタインのブロック・ユニバースほど味気なくはない。けれども実際には、時計仕掛けの宇宙では未来のすべての時点での状態があらかじめ決まっていて固定されており、その意味では違いはない。

そしてこの見方が、突然変化した。一八八六年、スウェーデン国王が、太陽系が安定していることを証明（あるいは反証）できたら、賞金二五〇〇クローネ（当時、年収がこれを超える人はほとんどいなかった結構な額）を出すと言った。つまり、太陽系の惑星はずっと太陽のまわりを公転し続けるか、惑星のうちの一つでもいくつかでも、いつか太陽に落ち込んだり、太陽の重力を逃れてどこかへ漂って行ったりする可能性があるか、いずれなのかということだ。フランスの数学者アンリ・ポアンカレがこの難問に取り組んだ。まず、太陽と地球と月だけによるもっと単純な問題を検討しはじめた——三体問題と呼ばれるものだ。そこでポアンカレは、物体が三つだけでも、この問題は数学的に厳密に解くことはできないことを発見した。さらに、三体の一定の配置は初期条件に敏感に左右され、方程式はまったくの不規則で予測できないふるまいを示すことになった。ポアンカレは、太陽系全体の安定性という当初の問題に対する答えには至らなかったものの、スウェーデン国王の賞金を獲得した。

この発見は、相互作用する物体がたった三つの系でさえ、時間が経過するにつれて、進行の様子は正確には知りえなくなるということだった――太陽系にあるすべての物体となればなおさらだ(太陽と全惑星と全衛星だけであっても)。しかしこのことの意味は、その後の七五年のあいだ、調べられることはなかった。

バタフライ効果

超高性能コンピュータに、ビリヤード台上の球がゲーム開始時の突き球でどう散らばるかを予測するという、ずっとささやかな問題を解かせてみよう。台上のすべての球は、いずれかの方向へはじき出され、大半は何度か衝突して、相手の球から、あるいはテーブルの側面から跳ね返ってくる。もちろん、コンピュータは突き球が、それがまとめられた球の中の最初の球に衝突するときの当たる強さ、角度を正確に知っていなければならないだろう。しかしそれで十分だろうか。すべての球が最終的に落ち着いたとき、コンピュータによる球の分布予測は、実際とどれくらい近いだろう。衝突するのが二つの球だけの場合、結果を予測することは、理論的には文句なく可能だが、何個もある球が複雑に何度も散乱する結果がどうなるかを計算することは、ほとんど不可能だ。一個の球の動く角度が少し違っても、元の方向なら当たらなかった球に当たるかもしれず、そうなると、どちらの球の軌道も劇的に変わってくる。突如として、最終結果はまったく別に見えてくる。

つまり、コンピュータには突き球の初期条件だけでなく、台上の他の球すべての正確な位置も入れてやらなければならない。他の球と接触しているかどうか、球どうし、あるいは側面のクッションとの正確な距離などだ。そしてこれでもまだ足りない。どの球であれ、ごく小さな塵のかけらがついていたら、何分の一ミリかでも道筋を変えるほどになるかもしれないし、わずかでも減速して、別の球に当たるときの勢いがわずかに変わるかもしれない。コンピュータには、台の表面の状態についても正確な情報、たとえば、どこに埃が多く、どこがすり切れていて、球との摩擦が増えたり減ったりするか、などのことも与える必要もある。

それでも、そういう課題が無理ではないと想像することはできる。初期条件についてすべての情報を得ていて、運動の法則と方程式を理解しきれていれば、原理的には、そういうこともできる。球がどういう結果になるかは、でたらめではない——すべて物理学の法則に従い、いずれの時点でも作用する力に応じて、完全に決定論的にふるまう。問題は、実際には、この動きについて完全に信頼できる予測ができないということだ。それはあらゆる初期条件を、すべての球についている塵の粒、台の布地にあるあらゆる繊維まで含めて、とてつもなく正確に知る必要があるからだ。もちろん、球と台のあいだに摩擦がなければ、球は衝突し、散らばるのを繰り返す時間が長くなり、球が最終的にいつどこで止まるかを求めるために、それぞれの最初の位置をさらに正確に知る必要がある。

一見するともっとずっと単純な系についてさえ、この初期条件を、他の引き続く影響とともに、無限の精度で知ることができない、あるいは制御できないことがわかる。たとえば、コインをはじく場合、まったく同じ動作をして何度も同じ結果を出せると思うのは、期待しすぎというものだろう。コインをはじいて「表」が出ても、それとまったく同じはじき方をして、同じ数だけ回転してまた「表」が出るようにするなど、難しくてできない。

ビリヤード台の例でもコイントスの例でも、完全な知識があったら、正確に同じ動作を繰り返して、同じ最終結果を得ることができるだろう。この反復可能性はニュートン流の世界の本質で、至るところで見られる。しかし初期条件に敏感に左右されるのも同じで、これも日常生活の至るところで見られる。ある朝、通勤途中で何かのことを決めるとする。たとえば道を渡る前に一瞬、間をとってみるといったことだ。すると、そうしたことによって、人生を大きく変える転職につながる情報をもっている昔なじみと出会えなくなったりするかもしれない。何分の一秒かの差で道路を渡りきれず、バスにひかれたりするかもしれない。私たちの運命は、決定論的宇宙で定まるかもしれないが、予測はできない。

この考えを最初にもたらし、カオスという新概念を生み出す助けになったのは、エドワード・ローレンツという、アメリカの数学者で気象学者だった。一九六〇年代の初め、天候のパターンをモデル化する研究をしていて、偶然、この現象に出くわしたのだという。ローレンツは初期のデスクコンピュータ「LGP30」を使って、自分が作ったシミュレーションを行なっていた。あるとき、コンピュータのプログラムに同じデータを入力してそれを走らせ、シミュレーションを繰り返したいと思った。そのために、実験の途中でコンピュータがすでに計算して、プリントアウトした数を使った。それをあらためて打ち込み、再びプログラムを走らせた。ローレンツは、コンピュータが達する結果は初回と同じになるものと思っていた。何と言っても、コンピュータが使っていた数字は同じではないか。

実際にはそうはならなかった。コンピュータは六桁の精度で計算する能力があったが、それが生み出すプリントアウトは、三桁に丸められていた。最初の試行では○・五○六一二七という数を使っていても、プリントアウトは○・五○六となり、二度目にローレンツが入力するのはこちらだ。ローレンツは、この二つの値の差は小さいので（○・○○○一二七）、どれだけ計算を続けても、シミュレーション結果の差も小さいだろうと想定していた。ところがそうではなかった。とてつもない驚きの結果となった。ローレンツは、小さな違いがときには巨大な影響を生む場合がありうることを発見したのだ。このシミュレーションは、私たちが今、非線形のふるまいとして理解していることの例だった。天気の長期予報が難しいのもこのためだ。実際の天気に影響する変数すべてを無限の正確さで知ることは決してできない以上、そうなる。ビリヤード台の場合とまったく同じ、ただそれよりはるかに複雑なだけだ。数日後に雨が降るかということなら、今ではまずまずの信頼度で知ることができるが、来年の今日雨が降るかどうかは決してわからない。

ローレンツが「バタフライ効果」という言葉を考える元になったのも、この核心を衝く認識だった。蝶が羽ばたくと、その影響がさざなみのように広がってその後の結果を生むというアイデアが始めて登場したのは、一九五二年、レイ・ブラッドベリが書いた「雷のような音」という短編だった。このアイデアをローレンツが借用し、どこかで蝶が羽ばたくと、何か月か後に地球の反対側でハリケーンが起きるという、今やおなじみになった概念を広めた。もちろん、これはハリケーンが特定の蝶の羽の動きに由来するという意味ではない。その点は明確にしておかなければならない。世界中の大気での膨大な数の乱れが集まった結果だということだ——どれが欠けても、どれが違っていても、ハリケーンはまったくできないかもしれない。

カオス

一般的な言語での「カオス」という言葉は、形のない無秩序やでたらめさを意味するものと取られている。子どもの誕生パーティはカオスになるというようなことだ。科学では、カオスという言葉にはもっと明瞭な意味がある。わかりやすい話ではないが、決定論と確率を混ぜ合わせたものだ。いったん理解してしまえば文句なく論理的で直感にも合うが、この理解が得られたのは比較的最近だという事実が、これがいかに意外だったかを示している。カオス的なふるまいの一つの定義を挙げてみよう。何かの系が循環的にふるまい、同じ動作を何度も繰り返すが、その進展のしかたは初期条件に敏感に左右されるのなら、周期ごとに正確に同じ状態は経由せず、ランダムにふるまい、その経路をまったく予測できない形で変えるように見える。

カオスは実はちゃんとした理論ではない（カオス理論という言葉は一般に使われているし、私もやはり使うつもりだが)。それは自然のほとんど至るところに見られる概念や現象で、「非線形力学」というあまり想像力のない名がついた科学の新分野を生み出している――非線形力学とは、カオス系の主要な数学的性質、すなわち、原因と結果の関係が線形ではない、つまり比例しないということ――に由来する言い方だ。私がここで言いたいのは、カオスがしっかり理解される以前には、結果は原因の後でなければならないが、単純な原因は必ず単純な結果を起こし、複雑な原因は複雑な結果を起こすと考えられていたということだ。単純な原因が複雑な結果になりうるという考えは、まったくの予想外だった。数学者の言う「非線形」という言葉はそのことを言っている。

カオス理論は、秩序と決定論がランダムに見えるものを生むことを教えてくれる。実はこの理論が言っているのは、私たちの宇宙はやはり決定論的で、物理学の基本法則に従っているが、その一方で、非常に複雑で無秩序で、わけても重要なことに、予測できなくなる傾向を示す場合が多いということだ。今や、科学のほとんどあらゆる分野でカオスが見られる。最初は天気を理解しようとする試みだったかもしれないが、今では銀河にある恒星の動き、太陽系の惑星や彗星の動き、動物の個体数の増減、細胞内での代謝のはたらき、心臓の鼓動にも見つかっている。素粒子のふるまいにも、機械の動作にも、パイプを通る液体の乱流にも、電気回路を通る電子にも見られる。とはいえ、数学的にコンピュータ・シミュレーションを介して見るのがいちばん簡単だ。カオス的なふるまいを数学的にモデル化するのは、単純な数式を何度も繰り返すだけのことなので簡単な話だが、その単純な手順を膨大な回数実行するのには、きわめて高いコンピュータの処理速度を必要とする場合が多い。

要するに、カオス理論が明らかにすることは、私たちが知るかぎり、(しばらくは)量子力学は別にしても、宇宙は完全に決定論的だが、予測できないということだ。ただし、この予測不可能なところは、本当のランダムさの結果ではない。宇宙が決定論的であるというのは、それが完璧で明瞭な規則に従っているということだ。その規則の一部は解明されているが、まだ発見されておらず、たぶんこれから見つかる規則もある。つまり予測不能は、単純な系以上のものについては、その進展の初期条件がどんなものであれ、それを無限の精度まで知ることができないことから生じる。計算に入れるデータには、必ずわずかでも誤差があり、するとその波及効果が必ず大きくなって、正しく予測できない。

カオスには、魅力的でたぶんもっと重要な反面もある。同じ単純な規則を反復して適用すると、最初は整った規則的動きでもカオス的ふるまいになり、場合によっては、何の目立ったところもない不定形の形から、美しく複雑なパターンが生まれることもある——以前にはなかった秩序や複雑さが得られるということだ。構造のないものから始めて、それを進展させると、自然発生的に構造やパターンが生じるのが見えてくる。この概念が、発現とか複雑性理論とかの新しい学問分野を生み、生物学から経済学、人工知能にいたるまで、多くの様々な分野で大活躍するようになっている。

自由意志

このことが、自由意志のあり方と（したがってラプラスの魔物のパラドックスと）どう関係するかという段になると、哲学的な見方がいろいろあって、とても解決されるどころではない。私にできるのは、理論物理学者としての見解を述べることだけだ。反対なさるのは自由……かな？

私たちが暮らしている宇宙の場合、選択肢は四つある。

①決定論は正しいので、私たちの行動は予測可能であり、自由意志はなく、それはただ自由に選んでいるという錯覚にすぎない。
②決定論は正しいが、それでも自由意志はある。
③決定論は間違っている。宇宙にはランダムさが組み込まれていて、自由意志の余地がある。
④決定論は間違っているが、それでも自由意志はない。出来事はランダムに起き、それについて、あらかじめ定まっているとした場合よりも支配できるというわけではないからだ。

科学者、哲学者、神学者が、何千年ものあいだ、私たちに自由意志があるかないか、議論してきた。ここでは、自由意志のあり方の一定の面と、その物理学との関連に注目する。心身問題と呼ばれる話、意識とは何か、人間の魂とはといった領域に迷い込むつもりはないので悪しからず。

物理的な存在としての脳は、それぞれが一〇〇〇億個もあるニューロン（神経細胞）が、何百兆にも及ぶシナプス結合でつながったネットワークでできていて、これまでにわかっているすべてのことによれば、精巧でとてつもなく複雑な機械にほかならず、コンピュータのソフトウェアのようなものを走らせている。ただ、複合度や相互接続が、現代のコンピュータにできる水準をはるかに超えているというだけだ。そのニューロンすべてが、つまるところ原子でできていて、それは宇宙にある他のすべてのものと同じ物理学の法則に従う。だから、原理的に言えば、脳にある原子一つひとつの、ある時点での位置と動きがわかれば、そして、それが相互作用してまとまる様を支配する規則がすべて理解できていれば、これまた原理的に、未来の任意の時刻における脳の状態を知ることができる。つまり、十分な情報があれば、人が次に考えることが予測できる――もちろん、その人が外部と相互作用していなければ。そうでなかったら、その相互作用についてもすべて知る必要がある。

したがって、原子のふるまいが従う奇怪で確率論的な量子論の規則がなければ、そして非物理的な、霊的あるいは超自然的な次元が私たちの意識になければ（そうしたものについては証拠は得られていない）、私たちもまたニュートンの時計仕掛け、つまり決定論的な宇宙の一部であり、私たちの行動はすべて予定されていて、前もって決まっていることを認めざるをえなくなる。要するに、自由意志はないことになる。

では実際には自由意志はあるのか、それともないのか。私は、決定論についてあれこれ述べてきたが、やはりあると思う。それは、一部の物理学者が論じるような、量子力学によって救出されるというのではなく、カオス理論による。私たちが暮らしているのが、未来が原理的に定まった決定論的宇宙かどうかは関係ない。そういう未来を知りうるとすれば、外から空間と時間の全体をながめることができたとした場合のみである。ところが、時空の中に収まっている私たち、また私たちの意識にとっては、未来は決して知りえない。未来を未定にするのは、予測できないというところなのだ。私たちが行なう選択は、私たちにとっては本当の選択であり、バタフライ効果のために、自分が別の判断をすることによってもたらされるわずかな違いでも、まったく違う結果、ひいてはまったく別の未来につながることがありうる。

つまり、カオス理論のおかげで、私たちの未来は私たちには決して知りえない。未来は予定されていて、自由意志は錯覚だと言いたくなるかもしれない――それでも、私たちの行動が無限にある可能性の中からどの未来が実際に繰り広げられるかを決めるという部分は残る。

決定論的でも予測できない周囲の世界を見渡す個人の視点からではなく、複雑な自分の脳とその動き方を調べることで状況を考えてみよう。私たちの脳のような、あらゆる思考過程、記憶、ループやフィードバックを備えたネットワークをもった複雑系の動き方については、予測不可能とならざるをえず、そのことこそが私たちに自由意志をもたらしている。

それを本当の自由意志と呼ぶか、ただの錯覚とするかは、ある意味どうでもいいことだ。あなたが本気で私を騙そうとしていれば、私はあなたが次に何をするか、あるいは何を言うか予測することは決してできない。実際にあなたの脳にあるすべてのニューロンをモデル化して、シナプス結合の変化を予想して、意識を構成する何兆もの蝶すべての羽ばたきを再現することはできないからだ。あなたの考えを計算して求めようとすれば、そういうことをしなければならない。それができないことが、自由意志をもたらす。そしてそのことは、脳の動作はおそらく完全に決定論的だったとしても成り立つ——量子力学に、私たちが今のところ理解している以上にこの問題について大きな発言権があるわけではないとすれば。

量子世界——とうとうランダム？

量子力学は、原子よりも小さい世界の理論で、自然のいちばん小さな規模での規則を述べており、そこでの事物は、日常的世界にあるものとはまったく違っている。二〇世紀の初め、ニュートン力学では電子などの極微の粒子の動き方は記述できないことが認識された。

電子が今そこにあって、それに何らかの力をかける。たとえば、電場をかけるなどのことをする。その場合、確実に、また相当程度の精度で、一秒後に電子がどこにあるか言えるはずだ。ところが、そのような明瞭な予測はできないことがわかってきた。予測できない理由には、初期条件を正確に知ることができないだけではすまないことがあるようだった。コインからビリヤードの球、惑星など、日常的な物体のふるまいを支配するニュートンの運動方程式は、量子的世界では役に立たず、そちらには、ニュートンの運動方程式とは別の一群の規則や数学的関係がある。この規則は、本当にランダムに見える極微の現実を記述する。ここでやっと、ニュートンやアインシュタインが記述する、宿命的に定まった決定論の宇宙とは正反対のものが見つかる。こちらでは、本当の「非決定論」と呼ばれる事象が見られるからだ。

たとえば、第2章で見たように、何かの原子がアルファ粒子を放出して放射性「崩壊」することがある。ところが私たちは、それがいつ起きるかを予測できない。このことは、量子力学の標準的な解釈によれば、私たちが必要な情報を知らないという、前に見た場合とはまったく関係ない。結局、初期条件をどんなに正確に特定しても、私たちは原理的に原子がいつ崩壊するか予測できない。それはある意味で、当の原子が、いつそうなるのかを知らないからだ。この不確定性は、このレベルの自然そのものの根本的特徴であるらしい。そこではものごとはまったく「特定不能」なふるまい方をしている。

もちろん、放射性原子はとことんランダムにふるまうわけではない。同じ原子が多数あれば、そのふるまいには統計的平均値が見えてくるからだ。特定の元素の原子を集めて、そのちょうど半分が放射性崩壊するのにかかる時間は、その元素の半減期と呼ばれ、この値は集団が十分に大きければ非常に正確に知ることができる。コインを何度もはじけば、表が出る確率も裏が出る確率も五分五分に収束するのと同じようなことだ。けれども、結果が確率的ということのありさまは、決定論的な過程に初期条件の予想できないところが影響して生じるのに対して、原子については、量子論的確率は本性そのものに組み込まれているらしく、私たちは原理的にそれ以上のことはできない。

するとここで重要になる問いは、この量子的非決定論は、日常的世界の決定論から私たちを救い出し、本当の自由意志を回復させてくれるかということだ。そうだと考える哲学者もいる。けれども私見ではそれは間違いで、私がそう説く理由は二つある。一つには、近年になって、量子の輪郭がぼやけたところとランダムさが、何兆個もの原子が含まれる複雑な系を作ると、あっさりどこかへ行ってしまうことがわかってきたことがある。人と脳によるニュートン的世界まで規模を大きくする段階では、量子力学の奇妙なところは均《なら》されて消えてしまい、通常の決定論が回復される。

第二の論拠は、私が個人的に肩入れしていて、捨てることができないものだ。量子力学が完全な筋書きではなく、放射性崩壊のような過程が予測不能なのは、私たちの無知のせいだという可能性がある。私たちに欠けているかもしれないのは、自然のもっと深い理解であって、それがあれば、結局のところ、任意の原子がいつ崩壊するか、実際上はともかく原理的には予測できるのではないか。コイントスにかかわる力すべてをもっと完全に知れば、その結果を予測できるようになるのと同じことだ。そうであれば、量子力学のさらに先まで行って答えを見つける必要があるかもしれない。あるいは少なくとも、量子の規則には別の解釈が出てくるかもしれない。他ならぬアインシュタインがそういう見方をとっていて、それが有名な「神はサイコロを振らない」という見解の意味だ。アインシュタインには、量子的世界のランダムさはとうてい受け入れられなかった。

アインシュタイン版のこの論拠は、その後間違っていることがわかったが、量子論の解釈には、標準の見方と矛盾せず、それでも素粒子の世界は完全に決定論的にふるまうとする、別の方式がある。これはデーヴィッド・ボームという名の物理学者の研究に由来し、半世紀前から知られている。問題は、この形の量子論が正しいかどうか確かめる方法を誰もまだ見つけていないことだ。したがって、宇宙が本当に素粒子の規模にいたるまで本当に決定論的かどうか、確認することも否定することもできない。

ボームによれば、量子世界の予測不能性は、本当のランダムさから生じるのではなく、情報――それがないことには正確な予測はできないのに、私たちの目からは必ず隠されてしまう――の存在による。量子世界が予測できないのは、私たちが十分に深いところまで掘り下げられないからでも、量子的「バタフライ効果」と測定精度に対する敏感さがあるためでもなく、私たちは何らかの形で対象を乱さないことには、原子より小さい世界を探ることができないからだ。電子がしていることを見ようとすることによって、当の電子のふるまいを変えてしまわざるをえず、私たちの予測を無力にしてしまう。水の入ったグラスの底にあるコインを、指で、その指を濡らさないように取り出せと言うのに少し似ている。デーヴィッド・ボーム版の量子論では、宇宙にあるすべての粒子が、その行動を支配する量子の力場を持っている。粒子を測定することによってこの場を乱すことになり、したがって粒子のふるまいも変わる。私たちはまだ、この量子世界の記述が正しいかどうか知らないし、もしかしたら決して知ることはないかもしれない。

最後のまとめ

ラプラスの魔物からはずいぶん遠くまで来てしまった。本章の冒頭で立てたパラドックスは比較的簡単に解決できたが、それによって、運命と自由意志にまつわる魅力的な問題に導かれた。私たちが未来を知ることができないのは、それがランダムだからではなく、ただ、いくらはっきり定まった規則にきちんと従っていても、予測はできないからだということらしい。この予測ができないという点だけで、一部の人にとっては、自由選択の見かけをもたらすのに十分となる。量子力学は、極微の規模でのことを明らかにする仕事に制約されているが、本当のランダムさを取り戻すかもしれない。けれどもそれにもなお異論がある。

人間の脳のはたらきということになると、次の展開がいつ来るか誰も確実に知ることはできない。量子世界の確率論的なところも、実は大きな規模、とくに生きた細胞あるいはたぶん脳の中にある世界に対して、直接に影響するということにさえなるかもしれない。ラプラスの魔物のパラドックスは解決したかもしれないが、それではこうした問いに答えたことにはなっていないのだ。

第9章

シュレーディンガーの猫のパラドックス

箱の中の猫は死んでいてかつ生きている

一九三五年、量子力学の創始者の一人でオーストリアの天才、エルヴィン・シュレーディンガーは、量子力学の数学に関する奇怪な解釈にうんざりしていた。そして、ほかならぬアルバート・アインシュタインと長いこと議論した後、科学史上でも屈指の有名な思考実験を提案した。「量子力学の現状」という長い論文を書き、これをドイツの一流学術誌で発表した。その後、この論文は、もっぱら「シュレーディンガーの猫論文」と呼ばれるようになり、量子物理学者はもちろん、あまたの人々が頭をこんがらがらせ、シュレーディンガーがそこで述べたパラドックスとされるものを浮かび上がらせようとしたり、説明をつけたりしようとした。その間、この問題には、「時間をさかのぼって送られるメッセージ」だとか、「意識ある心が現実を変える力」だとか、想像を絶するほど風変わりな解決が、いくつも唱えられた。

シュレーディンガーの問いはこういうことだった。猫を一匹、しばらく箱に閉じ込める。そこにはガイガーカウンターと、ごく微量の放射性物質も入っている。この放射性物質の量は実にわずかで、一時間後の段階で原子が一個崩壊している確率が五〇パーセントだが、崩壊するとアルファ粒子のような極微の粒子を放出する。するとガイガーカウンターが反応し、その信号が伝送装置を経由してハンマーを動かし、青酸ガスの入った小さな瓶を割り、このガスが箱の中に放出されれば、ただちに猫は死ぬ（もちろん、こんな実験が実際に行なわれたわけではないとわざわざ言わなくてすめばいいのだが。だからこそ「思考実験」と呼ばれるのだ）。

前章でも見たように、放射性原子が崩壊する瞬間というのは量子的事象の一つで、そもそも原理的に前もって予測できない。量子力学の標準的な解釈は、大半がシュレーディンガーと他に二人の創始者、ニールス・ボーアとヴェルナー・ハイゼンベルクによって解き明かされ、明快にされたが、その解釈によれば、予測できないのは、そのために必要な情報すべてが手に入らないからではなく、量子のレベルでは、当の自然も次にどうなるかわかっていないからだとされる。この種のランダムな事象は、多くの人が、前章で論じたニュートン的決定論から私たちを救ってくれると信じる類のものだ。私た

図9.1　シュレーディンガーの猫

ちには、原子が一定時間後に崩壊しているという確率は定まっているというところまでしか言えない（その確率から放射性物質の半減期が決まる）。箱の蓋を閉めた瞬間には、どの原子も崩壊していないことはわかっている。その後は、原子が一個崩壊したかどうかはわからないだけではなく、放射性物質の試料の中にある一つひとつの原子は同時に二つの状態にあると記述せざるをえないという状況に、文字どおり追い込まれる。すでに崩壊したか、まだしていないかの両方で、時間が経過するとともに一方の確率が上がり、他方は下がる。これは箱の中がどうなっているか見ることができないための、無知の問題ではないことを念押ししておかなければならない。そのような記述に追い込まれるのは、量子世界はそういうふうに動いているからだ。原子など、極微の世界のもののふるまい方は、それが幽霊のような定かならぬ状態で存在しうるとして初めて理解できる。原子がそのようにはふるまわないとしたら、ただただ世界を理解することができなくなってしまうのだ。

自然界には、実際そういうふうになっているとして初めて説明できるような事象がたくさんある。たとえば、太陽がどうして輝くのかを理解するには、その中で起きている熱核融合の過程を、この奇妙な量子のふるまいを使って記述しなければならない。太陽で原子核が融合して熱や光が放出されるという、それなくしては地球で私たちが存在することもできない過程の仕組みは、日常的なマクロの世界で成り立つ常識的な物理学の法則では説明できないのだ。原子核が量子世界の規則に沿って動いていなければ、原子核には、それぞれの正電荷によって互いのあいだに反発するバリアができるので、融合できるほど近づけない。近づけるのは、ぼんやり広がった量子的存在としてふるまうため、ときどき二つの原子核が同じバリアの内側にいることがあるからにほかならない。

シュレーディンガーは、量子世界は実際に非常に奇妙であることを認めつつ、猫もまた原子でできているので、一つひとつは量子力学の規則に従い、猫の運命が――箱の中にいるときのように――放射性原子の運命とからみあうと（専門用語では「もつれ（entanglement）」と言う）、猫もまた同じ量子の規則に従って記述されるはずだと論じた。原子が崩壊していなければ猫は生きている。崩壊していれば猫は死んでいる。ゆえに、原子が同時に両方の状態にあるのなら、猫も、生きている猫の状態と死んだ猫の状態という二つの状態に同時になければならない。これは、本当に生きているのでもなく本当に死んでいるのでもなく、ぼやけた、形のない「定かならぬ」状態にあって、どちらになるかは、箱を開けて初めて決まることを意味する。量子力学が教えてくれるのはそういうことだ。これは意味がないように思われる。何と言っても、見てしまえば、死にかつ生きている状態にある猫などそこにはいない。それでも量子物理学は、見る前の猫の状態はそのように記述しなければならないと言う。

どんなにばかばかしく思えようと、この想像を絶する考え方は、理論物理学者が長いあいだ方程式にかかりきりになるあまり導き出してしまった、突拍子もない結論というようなものではなく、科学で有数の強力で信頼できる理論の一つによる、まっとうな予測だということは、ゆめ疑ってはならない。

もちろん、猫は死んでいるか生きているかどちらかでなければならず、箱を開けることが結果に影響するなどありえないと反論していただけることだろう。すでに起きたこと（あるいはそうならなかったこと）を、私たちが知らないというだけのことではないのか。そう、それこそがシュレーディンガーが浮かび上がらせたかった論点だった。シュレーディンガーは、この新しい理論に自分自身も大きく貢献していて、量子力学でもいちばん重要な方程式にはその名がついているほどだが、本人にはこの新理論に納得ができないところがいくつかあって、一九二〇年代には、まさしくこの問題をめぐって、何度かボーアやハイゼンベルクと学問上の対立を起こしてさえいた。

物理学者ではない人々にとっては、どんなに配慮して説明されても、量子力学はまったく不可解で、こじつけにさえ見えるものだ。けれども実際には、量子世界のふるまいを記述する法則や方程式には、論理的にも数学的にも曖昧なところはなく、明瞭そのものだ。当の量子物理学者の中にも、方程式に登場する抽象的な記号が現実の世界と関係している様子に必ずしも安心してはいない人が多くいるとはいえ、量子力学の豊かな数学的構造は、うまくいっているし正確でもあり、それが世界の根本にかかわる真理を映し出していることに疑いは生じない。すると、奇妙なところを伴う量子力学を維持しつつ、猫のパラドックスを解決することは可能なのだろうか。このパズルは解けないかどうかも見てみよう――何と言っても、強力な魔物を撃退しながら、あげくに子猫一匹にやられるためにここまで来たわけではない。

エルヴィン・シュレーディンガー

一九二五年から二七年には、空前絶後の科学革命があった。科学史には、大きな転換期はもちろんいくつかあり、コペルニクス、ガリレオ、ニュートン、ダーウィン、アインシュタイン、ワトソンとクリックなどの人々による前進が、世界の理解のしかたを根底から変えたこともある。けれどもあえて言えば、そうした大天才たちの発見はいずれも、量子力学ほど科学に革命をもたらしてはいない。量子力学の分野はほんの数年の期間に展開され、それによって現実の見方がきっぱりと変わった。

一九二〇年代初めの物理学の状況について少し述べてみよう。その頃には、物質はすべて原子でできていて、その原子の内部がどういうふうになっているか、何でできているか、おおよそのイメージはつかめていた。アインシュタインの成果から、実験の設定で光のどの性質を調べるかによって、光が粒子の流れのようにふるまったり、広がる波のようにふるまったり、いずれでもできることもわかっていた。これだけでも十分奇妙だった――ところが、電子のような物質粒子も、同じような矛盾したふるまいを見せることがあるのを示す証拠が積み重ねられていた。

一九一六年、ニールス・ボーアは、マンチェスターから意気揚々とコペンハーゲンに帰っていた。マンチェスターではアーネスト・ラザフォードを手伝って、原子内で電子が原子核のまわりでどういう軌道をとっているかを表す理論的モデルを考え出した。何年もしないうちに、ビール会社のカールズバーグの資金を得て、コペンハーゲンに新しい研究所を設立した。そして、一九二一年のノーベル物理学賞の受賞を看板にして、当時の科学界の大天才たちを身近に集めはじめた。その「若手」の中でもいちばん有名なのが、ドイツの物理学者、ヴェルナー・ハイゼンベルクだった。ハイゼンベルクは、一九二五年の夏、ドイツのヘルゴラント島でひどい花粉症を癒しているあいだに、原子の世界を記述するのに必要な新しい数学を立てるうえで主要な前進をなしとげた。けれどもそれは変わった数学で、それが原子について教えてくれることも変わっていた。たとえば、原子の中の電子がどこにあるかは、測定しなければ正確には言えないだけでなく、電子そのものが明瞭な位置を持たず、ぼやけた、知りようのない広がり方をしていると論じた。

ハイゼンベルクは、原子の世界は幽霊のような、半分しか実在しないところで、それを調べる測定装置を準備して初めて、明瞭に定まった存在に固まるという結論を出さざるをえなかった――しかも、調べるにしても、その装置が明らかにしてくれるのは、それがとくに測定するように設定された姿だけだという。つまり、あまり専門的な詳細に立ち入らないで言うと、電子の位置を測定する装置であれば、特定の場所に電子があることをつきとめることになるだろうし、別の、電子の速さを測定できる装置なら、速さについては明瞭な答えを出してくれるだろうが、電子がどこにあって、それがどれだけの速さで動いているかを同時に正確に教えてくれる実験を設定することはできないということだ。このアイデアは有名なハイゼンベルクの不確定性原理にまとめられていて、これは今なお科学でも第一級の重要な概念の一つに数えられる。

一九二六年一月、ハイゼンベルクがそうしたアイデアを展開していたのと同じ頃、エルヴィン・シュレーディンガーが、異なった原子像を提示する別の数学的手法の概略を記した論文を提出した。その原子に関する理論は、原子核のまわりの電子の位置がぼんやりしていて知りえないというよりは、当の電子が、原子核をとりまくエネルギーの波のようなものではないかとするものだった。電子に定まった位置がないのは、それが実は粒子ではなく波だからだ。シュレーディンガーは、電子とはぼんやりにじんだように見えるものだというぼやけた電子像と、雲や霧のような電子という、明瞭にとらえられた姿とに区別をつけたいと思った。いずれの場合にも、私たちは電子が正確にどこにあるかは特定できないが、シュレーディンガーは、電子が実際に広がっている――私たちが見るまでは――と考えるほうを好んだ。この形の原子理論は「波動力学」と呼ばれるようになり、その有名な方程式は、そうした波が時間とともにどのように進行し、ふるまうかを、決定論的に記述していた。

今日では、量子の世界の二通りの見方は両立することがわかっている。ハイゼンベルクは抽象的な数学の見方、シュレーディンガーは波動の見方ということだ。今ではどちらも学生に教えられ、どちらも立派に機能するように見え、量子物理学者は、解かなければならない問題に応じて、二つの見方をやすやすと切り替える術を学んできた。大事なことは、どちらも世界についての同じ予測を出し、どちらも実験結果と見事に一致するところだ。実は、ヴォルフガング・パウリやポール・

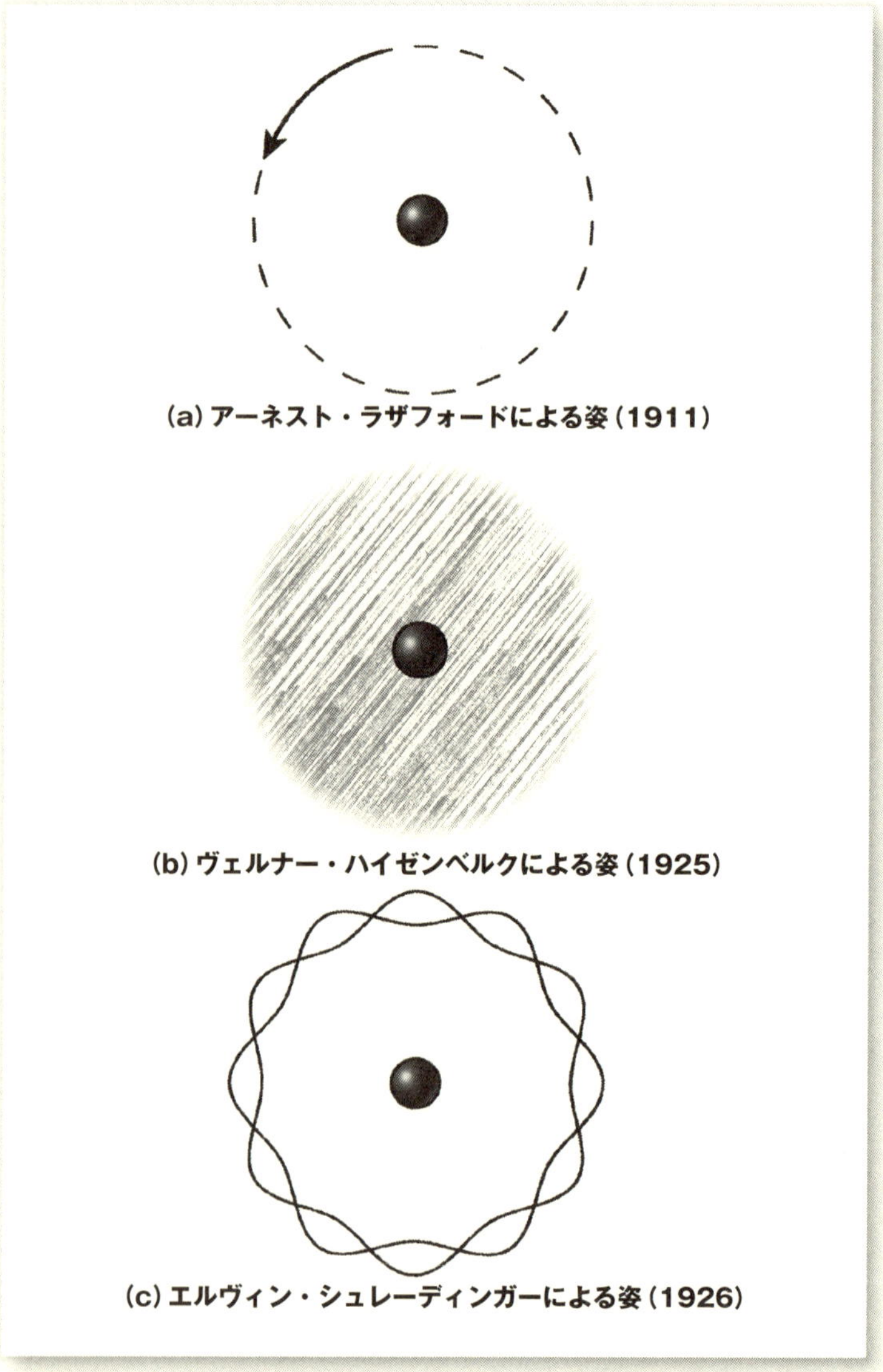

図 9.2　一個の電子が原子核の周りを回る水素原子の三通りの姿

ディラックなどの量子力学の他の先駆者が、一九二〇年代に、二つの手法は数学的にはまったく同じことで、原子やその構成要素の特定の姿を記述するためにどちらを使うかは、まったくの便宜上の問題だということを示した。このことは、同じ対象について二通りの言語で表現するのと少し似たことと考えてもよい。

つまり、数学としての量子力学の理論は、原子や、電子、クォーク、ニュートリノなど、物質を構成する要素がなすミクロの世界について、構造をきわめてうまく説明できているが、数学をどう解釈するかとか、量子の世界を私たちが暮らすおなじみの大きさのマクロの世界にまでどう広げるかについては、まだ解決されていない問題がいくつか残っている。シュレーディンガーがそのパラドックスを立てて浮かび上がらせたのは、この第二の問題点だった。

量子の重ね合わせ

それでも、この話には重大な段階が抜けている。はたと気づいてみると、私は、何兆どころではない原子でできた猫が、同時に死んでいてかつ生きているという話で読者に頭を悩ませるよう求めつつ、一方では、量子の世界は奇妙だからというだけで、個々の原子は同時に二つの状態でありうるという考え方は採用してもらえるものと期待している。それゆえ、物理学者が原子のふるまいが本当にそういうものであることを、それほど確信している根拠も説明しておいたほうがいいだろう。

「同時に二つ（それ以上）のことをする」あるいは「同時に二つ（それ以上）の場所にいる」という量子の世界の対象がもつ性質は、「重ね合わせ」と呼ばれる特性だが、これは思われるほどなじみのないことではない。重ね合わせの概念は、実は量子力学だけに特異なものではなく、波全般の性質だ。水面波を考えれば、このことが明瞭に見える。オリンピックの飛び込み選手を見ているとしよう。選手が入水《にゅうすい》するとき、その地点からプールのへりまで、円形に波が外側に広がるのがわかる。これは、プールに大勢の人がいて、ばしゃばしゃやっているときの状態とはまったく違う。このときの水面の状態は乱れている。それは多くの乱れがすべて足しあわされた結果だからだ。この、いろいろな波を足し合わせるところが、重ね合わせと呼ばれる。

多くの波が重なるのは複雑な話で、二つだけの波の重ね合わせを考えるほうが簡単だ。静かな水面の池に同時に二つの石を、一つは右手から、一つは左手から落とすとしてみよう。どちらも水に入ったところで波を生み出し、それが広がると、もう一つの石でできた波と重なる。この重ね合わせを写真に撮ることができたら、複合的なパターンが見られ、場所によって二つの極端なところができる。二つの波の山が合わさって、さらに大きな盛り上がりが生じるところ（「強めあう干渉」と呼ばれる）と、一方の山が他方の谷と打ち消しあって、池の水面が、波がないかのように一時的に平坦になるところ（「弱めあう干渉」という）との二つだ。このことを頭に入れておこう。重ね合わされた二つの波打つ乱れは、打ち消しあうことがある。

今度は量子世界でこれに相当するものを見よう。干渉計と呼ばれる装置――これについては、第

５章で光とその波が空間を進む様子について話したときにお目にかかった——は、二つの波を合わせて、強めあったり弱めあったりするところに相当するものを見せる。一個の波が入ってきたとき、それを観測できるような信号を生み出す干渉計を、第二の波が入ってきたときに、最初の波と弱めあう干渉をして、信号が消えるように調整することができるとしよう。そうすると、干渉計に波のようなふるまいをするものが入ってきたことの確実な徴候となる。

さて、ここからが本当にすごいところだ。ある種の干渉計は、電子のような極微の粒子がやってきたことを検出できる。そうした粒子を、通りうる経路を二つに分けて、粒子が二つの異なる道をたどった後で再び一緒になるような装置に通すことができる。そのような装置が光を受け取るようにする場合、装置がどういうことをするかは文句なしに明らかだろう。光線を「ハーフミラー」（半透明のガラスで、光の半分は通し、それが一方の経路をたどり、もう半分は反射して別の経路をたどることになる）と呼ばれるものなどで二つに分けることができる。それによって、元は一本だった光線を二本に分けられることになる。この二本の光線、つまり光の波は、装置の中で別々の道をたどり、また一緒になって、互いに干渉する。干渉のしかたは、それぞれが取った道筋の長さに左右される。二つの経路がまったく同じ長さなら、光の波は合致する——両者は「同じ位相で」重なると言われる。両者が「ずれた位相で」届けば、ところどころに光がないように見える弱めあう干渉が見られる。大事なことを思い出しておこう。この結果が得られるのは、二つの波が合わさるところだけだ。

量子世界の本当に衝撃的な特徴は次のようなところにある。一個の電子を同等の装置に送り込み、二つの経路から一つを選ばざるをえなくすると（磁石による磁場や、電圧のかかった導線などを使って右か左かに曲がるようにするなど）、常識でこうなるはずと思われる、一方か逆かいずれかに行くというのではなく、どういうわけか、光の波のように二つに分かれて両方の経路を同時に進むようなふるまいをする。そうなっていることがどうしてわかるのだろう。それは、出口側で二つの道が再び合わさるところで結果を見ると、まさしく一個の電子にもかかわらず、二本の広がる波が別々に装置を通ったとした場合に予想されるものになるからだ。

量子力学が誕生した頃からずっと、物理学者は電子のような粒子にどうしてこんなことができるのか、明らかにしようとしてきた。粒子は本当に同時に両方の道をたどれるように見える。そうでなかったら、実際に見えている波のような強めあう干渉、弱めあう干渉が見られることはないだろう。量子論がそうなると予想するのはまさしくこれだった。量子的存在は、見ていないときは波として記述しなければならないということだ。けれども見たとたん、たとえば何らかの検出装置を干渉計のどちらかの通り道につっこんだりして見たとたん、私たちはその道を電子が通っているのを見るか、見ないか（もう一方の道を通ったことを意味する）、いずれかのことになる。つまり、電子が移動している途上で電子を確かめると、二本の道のいずれかを通っているのが見える。ところがその際、粒子の量子的なふるまいを乱すのは避けられず、干渉という波のような性質はすべて消える——驚くことではない。今や電子は同時に二つの道をたどったりはしていないのだから。

学ぶべきはこういうことだ。量子の世界では、事物は私たちが見ているかどうかに左右されるという、実に変わった形でふるまう。私たちが見ていないときは、重ね合わせの状態にあって、二つのことでもそれ以上のことでも、同時にしている。私たちが見たとたん、いろいろな選択肢の中から即座に一つをとって、明瞭なふるまいをするのを余儀なくされる。猫の入った箱の放射性原子は、実は、「崩壊した」と「崩壊していない」の二つの量子状態の重ね合わせだ。これは私たちが知らないからどちらの状態の可能性をも「許容」せざるをえなくなるからというのではなく、原子は実際に両方が幽霊のように合わさっているからだ。

測定問題

方程式に原子のふるまいを記述させるのはいいことだが、それなりによくできた科学理論でも、その良し悪しは、それが現実の世界に関する予測を立て、その予測を確かめるべくしつらえた実験から得られる結果で決まる。量子力学は、私たちが見ていないときに原子の世界で起きていることを記述し（それはいささか抽象的な数学的記述だが）、しかも、測定することにした場合に得られる結果についても、見事に正確な予測を行なう。しかし、見ていないときの現実について記述されていることから、実験装置をそれに向けたときに得られるものに達するまでの実際の過程は、依然として謎だ。これは「測定問題」と呼ばれる。この問題を言葉にすることは実に簡単なことだ。原子やその類が極微の局所的粒子から、複数の波の形に広がったものへとどう移り、また、確かめられたとたん、再び極微の局所的な粒子として、文句なく明瞭なふるまいに戻るのはどういうことか。

　量子力学は大いに成功したとはいえ、原子のまわりで電子がどう動いているかを記述する方程式から、電子について特定の測定を行なったときに見えることへと移る経緯については、何も教えてくれない。そういうわけで、量子力学の創始者たちは、量子論への追加条項として、一組の後づけの規則に達した。それは「量子公準」と呼ばれ、方程式から出てくる数学的予測を、観測できるはっきりした特性、つまり、電子がしかじかの時点でどこにあるかといったことへと移し替える方法に関する操作マニュアルのようなものを提供する。

　私たちが見たときに、電子が瞬間的に「こちらとあちら両方にある」から「こちらかあちらいずれかにある」へと移る実際の過程については、誰も本当にはわかっておらず、ほとんどの物理学者は、それはただそうなると言った、かのニールス・ボーアによって定められた実務的な見方を採用して納得している。ボーアはそれを「不可逆的増幅動作」と呼んだ。二〇世紀の現場の量子物理学者の大半にとってはこれで十分だったのだが、ちょっと信じがたいことでもある。ボーアは奇妙なことが起きるのが許容されている量子世界と、それよりずっと大きな、すべてがわかりやすくふるまう私たちのマクロの世界とを、恣意的に区別した。電子を見る測定装置は私たちのマクロな世界の一部でなければならない。しかしその測定の過程が、いつ、どのように、なぜ生じるかというのはまったく明らかではない。それがシュレーディンガーが抱えていた問題だった。ミクロとマクロを分ける境界線はどこにあるのか。当然、原子と猫のあいだのどこかでなければならないが、そうだとしたら、猫は猫で原子の集合体に他ならないとすれば、どうやって区別をするのだろう。言い換えれば、ガイガーカウンターだろうと干渉計だろうと、つまみやダイヤルがたくさんある精密な機械だろうと、猫だろうと、測定装置は結局のところ、やはり原子でできている。すると、量子の規則に従う量子の領域と、測定装置のマクロ世界との境界はどこに引くものと考えられるか。考えてみると、そもそも測定装置を構成するものは何なのだろう。

私たちの日常的な大きさのものの世界では、ものの見え方はその実際のあり方であると思うのは当然になっている。けれども、何かを見るには、そこからの光が目に届かなければならない。ところが、見ようとするものに光を当てるという行為そのものがその対象を乱し、それによって、光がそれから跳ね返るとき、細かいところを変えてしまうことになる。これは大きなもの（車、椅子、人、あるいは顕微鏡下で見る生きた細胞でさえここに入る）を見るときの問題ではない。このレベルでは、光の粒子（光子）が対象に当たっても、検出できるような影響はまったくない。しかし、量子的な対象を相手にする場合には、対象が光子と同じ規模のものになって、事態が違ってくる。何と言っても、あらゆる作用には大きさは同じで向きが正反対の反作用がある。たとえば、電子を「見る」ためには、光子をそれに当てて跳ね返らせなければならないことになる。しかしそうすると、電子を元の進路から押し出すことになる。

言い換えると、何かの系について何ごとかを知るには、それを測定しなければならないが、測定をすると、その系を変えるのは避けられず、したがって本来の姿は見えない。ここまでは単純な言い方で述べてきたが、実際には量子にかかわる測定の微妙なところを正当には扱っていない。しかしある程度のことは伝えられたものと思う。

ここでちょっと一息入れて、たどってきたところを振り返っておこう。量子の世界はつかみどころがないことがわかった。日常世界ではありえないように見えることも起こせるが、それは巧妙に行なわれ、実際に行なわれている現場をとらえることはできない。シュレーディンガーの箱を開ければ、死んだ猫と生きた猫の重ね合わせではなく、どちらかの猫の姿を見せる。これではパラドックスの解決に近づいたとは言えない。

必死の試み

では物理学者はシュレーディンガーの論文にどう反応したのだろう。ボーアとハイゼンベルクは、箱を開ける前の猫が本当に同時に死にかつ生きているとは自分では主張しなかった。ただ、パラドックスへの妥当な答えと見なせそうなものを提供するよりは、巧妙な議論でそれをすり抜けた。二人は、箱を開けて中を見るまでは、猫については何も言えず、それに独自の実在性を与えることさえできないと説いた。猫が本当に同時に死にかつ生きているかどうかを問うのは、適切な問い方ではないという。

二人の理屈は、箱が閉じられているあいだはずっと、猫の本当の状態について言えることはないということだった。箱を開けたときにそうなっているという、方程式の予測だけで判断しなければならない。つまり量子力学は、箱の中で何が進行しているか、さらには箱を開けたとき何が見られるかも、教えることはできない。死んだ猫が見られる確率と生きた猫が見られる確率を、予想することしかできない。このような実験が実際に行なわれ、何度も繰り返せるとしたら（実際に何匹もの猫を犠牲にして）、その予測が正しいことが明らかになる（何度も何度もコインをはじけば、表の出る確率、裏の出る確率は、五分五分になることを確かめられるのと同じように）。この量子の確率はきわめて正確だが、あくまで原子は複数の状態の重ね合わせの状態にあると言えばこそ、その確率は計算できる。

長年、多くの物理学者が、量子の奇妙さについて説明をつけるとは言わなくても、少なくとも、量子世界で行なわれていることを量子世界がどう行なっているかを把握しようとしてきた。そして最も変わった説がいくつか、シュレーディンガーの猫の難問への答えとして出てくるようになった。その一つ、交流説と呼ばれる考え方は、空間を超えて瞬間的につながるだけでも十分重大なのに、加えて時間を超えたつながりまで含む。この見方によれば、シュレーディンガーの箱を開けるという行為が、過去に向かって信号を送り、放射性原子に崩壊するかしないかを決めさせるという。

ひところ、人間の意識を必要とする測定について語るのが流行になったことさえある。それが量子世界をマクロの世界に押し出すという――意識には、「不可逆の増幅過程」が生じざるをえないようにして、量子の重ね合わせが消えるようにする、特別なところがあるのではないかというわけだ。結局のところ、量子の重ね合わせの領域とマクロでの測定が行なわれたときの明瞭な結果の領域との境界をどこに置けばいいのか、誰も知らないのだから、私たちは実際に引かなければならなくなったときに引くだけにすべきなのかもしれない。測定装置（検出装置、スクリーン、猫）が原子の集合にすぎず、大きくても、他の量子系と同じようにふるまうはずなのだから、私たちの意識に記録されるときに初めて量子的記述は放棄せざるをえなくなる。

測定される側と測定する側との境界線を人間の意識のレベルに置くことは、哲学者が独我論と呼ぶものに行き着く――観測者が宇宙の中心にいて、他のすべてはその想像の中の虚構だという考え方だ。ありがたいことに、この見方はずっと前にだいたい否定された。ただおもしろいのは、またいささかならず不満が残ることもあるのは、私たちはまだ量子力学や意識の本源をすべて理解しているわけではないのだから、両者は何かの魔法でつながっているにちがいないと論じる人が、物理学とは別のところに大勢いることだ。この種の臆測は、おもしろくはあっても、本格的な科学の中には現実の居場所は（まだ）ない。

すると猫はどうなるか。それには意識もないのか。それは箱の中で「観測を行なう」ことができるのではないか。このアイデアをテストするわかりやすい方法がある。猫を人間の被験者に置き換え、毒薬も単に意識を失わせる薬に置き換えたらどうなるだろう――猫にだってそうすべきだと言えただろうにとは思うが。この場合、箱を開けたらどうなるか。明らかに、同時に意識があり、かつ、ない状態の被験者は見られないだろうし、本人に、箱を開ける前は、あなたは両方の重ね合わせの状態でしたと言って納得させることもできないだろう。被験者に意識があれば、ちょっと不安だったことを除けば、ずっとちゃんとしていたと言ってくるだろう。意識を失っていた場合には、回復したとき、箱が閉じられて十分後に装置が動き出す音が聞こえて、すぐにくらくらしはじめたなどと言うかもしれない。本人が次に気づくのは、気付け薬で意識を取り戻すときのことだ。

つまり、個々の原子は量子の重ね合わせ状態で存在できても、被験者は明らかにそうではなかった。この被験者に特別なところがあるというのもありえない。意識があることが測定と言えるためには、博士号を持っていなければならないとか、実験室用の白衣を着ていなければならないということはないだろう。だから、被験者と猫を区別する、明瞭な境目は見つからない。かくて私たちは、当の猫が知っているだろうからということでしかないとしても、箱を開ける前の猫が同時に死にかつ生きていると記述すべき理由はないと言わざるをえなくなる。

量子の情報漏洩

猫が複数の状態の重ね合わせにはないとすれば、量子のミクロの世界と日常のマクロの世界との境界は、量子の側にずっと寄ったところにある。「測定」とはどういう意味かという問題について、別の見方をしてみよう。

地球の地底深くに埋もれた岩にあるウラン原子についてはどうなるかを考えてみよう。そのような原子がごくまれに自然発生的に分裂し、大量のエネルギーを放出して、二つのかけらが飛び去る。これは原子炉が熱を発生し、そこから電力を生むときに使うのと同じエネルギーだ。この原子核の破片は、元のウラン原子の半分くらいの大きさで、背中合わせに生まれ、いずれかの方向に飛び去る。量子力学は、測定が行なわれる前には、それぞれの破片があらゆる方向へ飛んで行ったと考えなければならないことを言う。これは、破片が粒子というより波と考えたほうがずっと理解しやすい。池に石を投げ込んだら、そこから円形に波が広がるようなことだ。けれども、この分裂の破片は、岩石に痕跡を残し、顕微鏡で見ると一定の鉱物の中にそれが見られることがわかっている。実は、長さがほんの数ミクロンのそうした痕跡を調べるのは、岩石の放射性年代測定の有効な手法となっている。

つまり問題はこういうことだ。この痕跡は量子世界で生まれたものなのだから、それを測定するまでは、ウラン原子核が分裂してそれができた場合と、分裂しないでできていない場合の両方として記述しなければならない。そして分裂したとしたら、痕跡は同時にあらゆる方向にできたものとして記述するのが適切だろう。しかしその場合、どうすれば測定したと言えるのか。岩石は、私たちが顕微鏡で調べるまでは、痕跡が刻まれていてかつ刻まれていないという宙ぶらりんの状態にあるのか。もちろんそんなことはない。私たちが今日分析しようと、一〇〇年後にしようと、あるいは決して分析などしなくても、痕跡はそこにあるか、ないか、いずれかだろう。

量子世界の測定は、いつも行なわれているにちがいない。意識を備えた観測者の出る幕は、実験室の白衣を着ていようと着てなかろうと、そこにはありえない。正しい測定の定義はこうなる。測定が行なわれたと見なされるのは、後に私たちが調べたいと思ったときにそれとわかりうる形で残されるという意味で、ある「事象」や「現象」が記録された時点である。

これは当然のことで、量子物理学者はどうしてそうではないと考えるほどばかなのか、と訝《いぶか》ってもいいように思われるかもしれない。しかしあらためて言うと、量子力学の予測はとても合理的とは言えない場合もある。必要なのは、量子の世界では事象はどのように記録されるかについての、もっと明確な概念だ。その記録の時点で、量子世界の奇妙なところ（同時に二つの方向に進む、あるいは同時に何かをしていて、かつしていない）が薄れはじめるのだ。

一九八〇年代から九〇年代にかけて、物理学者は事情をちゃんと認識するようになった。孤立した量子系、たとえば一個の原子などが、幸せに孤立した重ね合わせで存在するのをやめ、マクロの世界の測定装置と結びつくようになるとどうなるかが検討された。測定装置は、たとえば岩石など、周囲の環境であってもよい。量子力学は、測定装置／岩を構成する何兆ではきかない原子は重ね合わせの状態ででも存在しなければならないことを定める。ところが、この微妙な量子効果は、あまりに複雑になって、これほど大きなマクロの装置では維持されず、消えて行く。熱い物体から熱が散逸するのとほとんど同じことだ。この過程は、「デコヒーレンス」〔干渉しあう重ね合わせを脱するというような意味あい〕と呼ばれ、今や大いに議論と研究の対象となっている。これについてはこんなふうに考えることもできる。個別の壊れやすい重ね合わせは、マクロの系にある全原子の相互作用についてありうる組み合わせから生じるありうる重ね合わせの厖大な数の中で、それとわからないほどに見失われてしまうのだ。元の重ね合わせを回復するのは、ばらけたカードをシャッフルして戻そうとするようなもので、しかもそれよりはるかに難しい。

今日の多くの物理学者はデコヒーレンスを宇宙のどこででも、いつでも進行している現実の物理過程だと見ている。量子系が周囲の環境（意識をもった観測者を含んでいる必要はなく、ガイガーカウンターでも、岩の塊でも、空気分子でもよい）から切り離されていないときには必ずそうなる。外の環境とのつながりが十分強ければ、元の壊れやすい重ね合わせはすぐに失われる。実は、デコヒーレンスは物理学全体の中でもいちばん速く、いちばん効率的な過程だ。デコヒーレンスが著しく効率的であることが、それがこれほど長く発見を免れていたことの理由ともなっている。物理学者がそれを制御して調べるようになったのは、つい最近になってからのことだ。

デコヒーレンスはまだ理解しきれていないが、少なくとも本章のパラドックスが理解できるようにはなってきている。死んでいて、同時にかつ生きているシュレーディンガーの猫が決して見られない理由は、箱が開けられるよりずっと前に、ガイガーカウンターの中でデコヒーレンスが起きるからだ。ガイガーカウンターは、原子が崩壊したかどうかを記録できる能力があるので、原子にどちらかはっきりさせるよう迫る。それで、一定の時間の幅をとれば、原子はすでに崩壊しているかしていないかいずれかであり、ガイガーカウンターはそれを記録して、猫を殺す一連の出来事を始動させているか、まだそうなっていないかのいずれかとなる。重ね合わせの量子世界からひとたび出てしまえば、元に戻ることはできず、単なる統計的な確率が残るだけだ。

ケンブリッジ大学の二人の科学者、ロジャー・カーペンターとアンドリュー・アンダーソンによって巧妙な実験が行なわれ、それについて二〇〇六年に発表された論文で報告されている。これは重ね合わせが崩れて量子の奇妙なところが消えるのが、実際にガイガーカウンターのレベルで起きていることを確認していた。実験はほとんど注目されなかった。もしかすると量子物理学者のほとんどは、もう解決すべき難問はないと信じているからかもしれない。

そのため、デコヒーレンスは、私たちが同時に生きかつ死んでいるシュレーディンガーの猫が見られない理由だけでなく、そもそも当の猫がそのようなどっちつかずの状態で存在することはない理由も教えてくれる。デコヒーレンスが教えてくれないのは、もちろん、いずれかの選択肢が選ばれる経緯だ。量子力学はやはり確率論的で、個々の測定結果が予測できないところは解決しない。

実は、二つありうる選択肢のうち、いずれが選ばれるかの経緯を説明する必要があるという話も、マルチバース説を採用すれば、それさえ説明する必要はなくなる。その場合は、猫はある宇宙では死んでいて、別の宇宙では生きていることになる。箱を開けるときに行なわれるのは、この宇宙が、猫が死んでいる宇宙なのか、生きている宇宙なのか、いずれであるかを明らかにすることだ。どちらの宇宙だとわかろうと、必ず、箱を開けると逆の結果が見られる別の宇宙があることになる。実に単純なことだ。

第10章
フェルミのパラドックス

みんなどこにいるの？

イタリア系アメリカ人でノーベル賞もとった物理学者エンリコ・フェルミは、量子力学と原子物理学に数々の重要な貢献をした。一九四〇年代の初めには、世界初の原子炉、シカゴ・パイル1を建造した。素粒子の二大区分の一方、フェルミオン（もう一つはボソン）は、このフェルミの名による。その名がついた長さの単位もある――一フェルミと言うと、一フェムトメートル、つまり一兆分の一ミリという極微の、とはいえ核物理学や素粒子物理学で使うのにはちょうどいい大きさの長さを表す。しかし本章の話は、フェルミが一九五〇年代に提起したある問題にかかわるもので、素粒子物理学の世界での研究とは何のつながりもない。それはパラドックスの中でもいちばん奥が深くまた重要なパラドックスで、私はそれを最後の最後にとっておいた。

フェルミの有名な問いは、原子爆弾のマンハッタン計画が本拠としたニューメキシコ州ロスアラモス国立研究所を夏休み中に訪れ、そこで仲間と昼食をとっていたときの会話で生まれた。会話は空飛ぶ円盤をめぐる気楽な議論で、遠い星系から地球までやって来るために、光の速さを超えることができたりするんだろうかといったことだった。

フェルミのパラドックスは、次のように立てることができる。

宇宙はできてから長い年月を経ているし、大きさも広大で、天の川銀河だけでも何千億個もの恒星があり、その中には独自の惑星系をもっているものも多い。となると、地球が飛び抜けて型破りなために生命を育める条件があるというのでもないかぎり、宇宙には生命があふれているはずで、中には知的文明もあるだろうし、その多くが、宇宙旅行に必要な技術を得ていて、今頃地球を訪れているのではないか。

そうだとすると、みんなどこにいるのだろう。

フェルミからすると、この太陽系が特異なために居住可能な惑星が（少なくとも）一つあるのではないとすれば、時間はありあまるほどあって、よその星にも文明が生まれていて、今頃は当然、ささやかな領土拡大の野心と十分発達した宇宙旅行技術をもって、銀河全体に植民するようになっているはずだった。フェルミらは、どこかの種がそれを行なうのに必要な時間は一〇〇〇万年ほどと推定した。これは非常に長い時間に見えるかもしれないし、また少々恣意的な数字でもあるが、押さえておくべき要点は、これは銀河の年齢と比べればごくわずかな時間で、一〇〇〇万年なら、ほんの一〇〇〇分の一にしかならないということだ――それに、ホモサピエンスが誕生してから、まだ二〇万年ほどしかたっていないことも思い出そう。

すると、パラドックスは以下の二つの問いにつきつめられる。

・生命がそれほど特別ではないとすれば、他の生物はどこにいるのか。
・特別だとすれば、どうして宇宙では、地球だけで計ったように生命が生じるように調整されることになったのか。

私たちの惑星上で生物が繁殖し、厳しい環境でも栄える能力があるのを考えれば、地球に似た他の惑星でも同じことが起きたはずなのに、なぜそうならないのか。もしかすると、生命が生まれてしまえば繁殖には問題はなく、難しいのは、そもそも生命が始まるところなのかもしれない。このパラドックスや、それにからむいろいろな問題を、科学者が解決したかどうかを調べる前に、一般に言われている答えをいくつか、手短に見ておこう。

①地球外生命（ET）は存在し、実はすでに地球に来ている

先頭を切ってもらったが、この可能性を私は却下する。UFOファンや陰謀説をとる人々の、想像力あふれる幻想を支持する明瞭な証拠はないという、正当な理由による。それでも多くの人々が相変わらず、異星人は空飛ぶ円盤に乗ってすでにやって来ていると信じ、やって来たのが何千年も前で、ピラミッドを築いた後にどこかへ去ったとか、今も地球にとどまっていて、罪のない人々を誘拐してはおかしな実験を行なっているとかのことを確信している。

②ETはいるが、まだ接触はしてきていない

十分に進んだ異星文明が、自分たちが存在することをこちらに伝えないことにする理由については、いくらでも考えられる。たとえば、もしかすると（私たちとは違って）銀河の他の部分に向かってその存在を広く知らせたいとは思わないのかもしれないし、私たちが銀河連盟の構成員になれる資格を得るほど発達するまでは、放っておくことにしているのかもしれない。こちらはもちろん、異星文明はすべて、地球の文明とよく似た推論過程をたどっていることを想定している。

③私たちは見当ちがいのところを探している

私たちは五〇年も前から宇宙から来る信号に耳を澄ませているが、まだ何も聞こえてこない。けれども、空のどこかにある正解となる区域をまだ見ていないのかもしれないし、正しい周波数に合わせていないのかもしれない。はたまた、信号やメッセージはすでに届いているのだが、その解読のしかたがまだわかっていないのかもしれない。

④よそで生まれた生命は、決まって滅びる

地球にいることがどれだけ恵まれているか、私たちはわかっていないのかもしれない。他の太陽系の生命を養う惑星は、定期的に起きる氷河期、隕石や彗星の衝突、大規模な恒星フレア、ガンマ線バーストといった、惑星上、恒星系内、銀河系内の様々な天変地異をくぐり抜けなければならな

いのかもしれない。そのような出来事が頻繁に起きるとなれば、生命が進化して知的生命になり宇宙に出て行くまでになる余裕もないだろう。あるいは逆のことが言えて、他の惑星の環境はあまりに快適で、生物多様性や、ひいては知性の進化に必要と考えられる大量絶滅をくぐり抜けたことがないのかもしれない。

⑤自滅

宇宙にある知的生命はすべて、戦争によるか病気によるか環境破壊によるか、いずれにせよ、宇宙旅行ができるほど技術が進歩する頃に、必然的に滅亡するのではないかという説もある——本当だとすれば、私たちにとっても不吉な話だ。

⑥異星人はあまりに異なっている

私たちは、ETは人間に似ていて、その技術も私たちが近い将来に実現できるものに似ていると思いがちだ。そう考えていい理由もある。生命はすべて物理学の法則に従い、それに制約されているからだ。それにしても一方では、私たちはまったく違う知的生命を思いつくだけの想像力をもっていないということかもしれない。もちろん私が言いたいのは、私たちは異星人がすべて映画に出てくるエイリアンのようだと考えているということではなく、異星人も炭素型で、手足や眼があり、音波を出して互いに意思疎通をしていると想定してしまうということだ。

⑦宇宙には本当は私たちしかいない

もしかすると、生命が生まれる必要条件はめったに満たされず、それが生じるところはほとんどなく、自然を統御して、自分たちがいることを世界に知らせる信号を送れるまでに生命が進化した惑星は、地球しかないのかもしれない。あるいは、そもそも生命が現れたところは地球だけかもしれない。

以上の想定はすべて推測でしかなく、加えてほとんどは、ちゃんとした情報に基づいた推測でもない。フェルミ自身の考えでは、知的生命がこの銀河のどこかに実際に存在している可能性は圧倒的に高くても、恒星間旅行に必要な距離があまりにも大きく、光速の壁があるとなると時間がかかるので、わざわざ地球まで来るための手間に、それだけの価値があると見る文明はないという。

ただフェルミは考えていなかったが、技術的に進んだETの存在は、向こうが母星を離れてこちらまで来なくても、こちらから識別できるかもしれない。何と言っても、私たちだって、もう一世紀近く前から、銀河系に向かって自分の存在を知らせてきているではないか。フジオやテレビで情報を世界中に伝えるようになって以来、地球人は宇宙に向かって信号を洩らしつづけている。二〇光年、三〇光年程度のところに異星文明があって、電波望遠鏡を太陽の方へ向けていたら、かすかでも複合的な信号が突出しているのがわかるだろう。それは、その恒星を回る惑星の一つに生命がある徴候となる。

私たちは、物理学の法則が宇宙全体で同じだと思っており、また情報を伝える手段として簡単で有効なのは電磁波を使うことだとすれば、技術的に進んだ文明は、発達中のある段階で、この種の通信形態を用いるものと予想される。そして実際にそうなら、その信号の一部が宇宙に洩れ、光の速さで銀河全体に広がっていくことになる。

二〇世紀の天文学者が、新しく開発された電波望遠鏡を使って宇宙からの信号を聴き取る可能性を本格的に考えるようになるまでに、そう時間はかからなかった。そしてある人物とともに、知性をもったET探しが本格的に始まる。

ドレイクの公式

初めて真剣にETを探すようになったのは、フランク・ドレイクという、ウェストヴァージニア州グリーンバンクの国立電波天文台に勤める天文学者だった。一九六〇年代のこと、ドレイクは、ラジオ波の電磁信号を聴き取ることによって遠くの星系に生命の徴候がないか探す実験を行なうことにした。この研究は、フランク・ボームの児童書、オズ・シリーズの登場人物で、エメラルドの都にいる支配者、オズマ姫にちなんで、オズマ計画と名づけられた〔オズマ姫はオズと電波で連絡をとろうとしていた〕。

ドレイクは電波望遠鏡を、太陽の近くにあって太陽に似た二つの星、くじら座タウ星と、エリダヌス座イプシロン星に向けた。距離はそれぞれ一二光年と一〇光年で、どちらも生命が居住可能な惑星を抱える星の有力な候補と思われた。特定の周波数の信号を拾うようパラボラ・アンテナが調節された。それは宇宙で最も単純で豊富にある元素、つまり水素が生み出す特徴的な電磁波の周波数で、したがって異星文明が自らの存在を知らせようとするなら、いちばん選びそうなものだった（知的生命が、そもそも宇宙を観測しようとする場合、まずこの周波数に合わせる可能性が高い、つまり、意図しなくても「リスナー」になってくれる可能性が高いから）。ドレイクはデータを記録し、念入りに調べ、背景の雑音がザーザーいう中に何かの信号が重なっていないか、確かめようとした。何か月にもわたって記録されたデータを長時間かけて調べたものの、興味深い信号は一つしか見つからなかった。その一つも上空を飛ぶ飛行機によるものだった。しかしドレイクは失望してはいなかった。日頃から、この研究は宝くじを買うようなものだと言っていて、見つかるほうがものすごく幸運なことだということを知っていたのだ。

めげることなく、翌年には「SETI《セティ》（Search for ExtraTerrestrial Intelligence＝地球外知的生命探査）」の最初の学会を開き、当時この問題に関心を抱いていることがわかっていた他の科学者（全部で一二人いた）をすべて招いた。

ドレイクは、みんながそれぞれ、ばらばらのことを考えないように、この銀河にあって地球で電波信号を探知できそうな文明の数***N***を計算する式を考案した。この数は、他の七つの数をかけ合わせることによって求められる。式はドレイクの公式と呼ばれ、次のような形をしている。

その中身は実は簡単に説明できる。それぞれの記号が何を意味するか、ひとわたり見ておこう。

$$N = R_* \times f_p \times n_e \times f_l \times f_i \times f_c \times L$$

それぞれについて、ドレイクが最初に計算したときに想定した値をかっこに入れておくので、ドレイクが最終的な答えに達する様子がわかるだろう。最初の記号R_*は、銀河に毎年できる星の数の平均を表す（ドレイクはこれを一年に一〇個と仮定した）。次のf_pは、惑星系がある星の割合（〇・五）、n_eは星系一つあたりの生命に適した惑星の数のこと（二）。f_lとf_iとf_cは、それぞれ、生命が実際に現れる割合（一）、生命が生まれた惑星で知的生命が登場する割合（〇・五）、それが存在することを教える検出可能な徴候を宇宙に送り出す技術を発達させる文明ができる割合（一）を表す。最後のLは、そのような文明が宇宙へ信号を出し続ける期間の長さで（一万年）、ドレイクはこれら七つの数をかけて、N＝五万という答えに達した。

これはなかなかの数字で、フェルミのパラドックスを浮かび上がらせるのにも使える。ただ、これはどれほど信頼できる数字なのだろう。もちろん、あまり信頼はできない。知る必要がある数が本当にこの七つだけだとしても、それに付与された値は当てずっぽうにすぎない。最初の三つ、R_*、f_p、n_eに指定される値は、半世紀前には知られていなかったものの、今や天文学と望遠鏡技術の進歩によって、とりわけ、系外惑星と呼ばれる太陽系以外の惑星が多く見つかってきて以来、明瞭になりつつある。

けれども、その次の三つの因数は、知的生命、通信能力のある生命が生まれる可能性に関する確率で、そのどれについても、零（ありえない）から一（確実）のあいだのどの値でもよかった。ドレイクはきわめて楽観的な数値を選んでいて、地球型の惑星で条件が適切なら、生命は必ず現れる（$f_l=1$）、生命が登場したら、五分五分の可能性で知的生命に進化する（$f_i=0.5$）、そうなったら知的生物は、意図してメッセージを送るかどうかは別として、必ず宇宙へ電磁波を送り出すなどの技術を発達させる（$f_c=1$）と思っている。

とはいえ、この数値はほとんど場当たり的なものだ。それでもドレイクの公式は、銀河系のどこかにある異星文明の数を推定するよりもずっと重大なことをした。世界中で宇宙からの信号が探されるようになったことであり、それは今日まで続いている。

SETI

SETIという言葉は、長年、地球外生命の信号を積極的に探してきた、世界に広がるいくつもの事業の集合を指している。電磁波を使って送信された宇宙からのメッセージかもしれないものを求めて耳を澄ますという作業は、科学者が信号を送受信する方法を理解するようになってから、ずっとしてきたことでもある。いちばん古い出来事となると、一九世紀の末までさかのぼる。

一八九九年、セルビア生まれの電気技術者で発明家のニコラ・テスラは、コロラドスプリングズの実験室で、自分が開発した高感度の電波受信装置を使い、嵐で発生する空中電気を調べていて、そのとき、ひとまとまりになって届くかすかな信号をとらえた。それはぴっと鳴る音が1、2、3、4という数字の符号になっているように見え、テスラはこれが火星から発せられたものだと確信した。そのときの興奮を、一九〇一年に行なわれた雑誌のインタビューで回想している。

自分が人類にとってはかりしれない影響をもつかもしれないものを観測したんだ、と思い当たったときに感じた最初の感覚は、決して忘れることはできません。……最初の観察結果はい い意味で震えました。そこには超自然とは言わなくても神秘的なものがあって、私は夜の実験室で一人でした……電気信号の届き方は周期的で、自分が知っているどんな原因のせいにもできない、明らかに数や順序を思わせるものでした。少したって、自分が観測したこの乱れは、知的に制御されたものじゃないかという考えがひらめきました。

「惑星と語る」（『コリアーズ・ウィークリー』、一九〇一年二月一九日号）

テスラのこの説は広く批判されたが、そのとき検出された信号の謎はまだ解明されていない。地球外知的生命から来ているかもしれない電波信号を初めて本格的に調査したのは、一九二四年、アメリカで行なわれた短期間の調査だった。当時は、異星文明がある惑星として最も可能性が高いと信じられていたのは、隣の火星だった。そして、もし火星人が私たちと連絡をとろうとするなら、二つの惑星が最接近するときに行なうだろうと思われていた。それは、地球が太陽と火星の間に入る、「衝《しょう》」と言われるときに実現する。そのような衝が、一九二四年八月二一日から二三日にかけて起きて、このとき、火星は何千年かぶりという距離まで接近した（その記録は二〇〇三年八月に破られ、二二八七年にはさらに破られる）。火星人がいたら、そのような機会をとらえて地球へ信号を送ってくるだろうと判断された。アメリカ海軍は、このアイデアを本気で取り上げ、「全国無線沈黙デー」を設定し、地球が火星を追い越す三六時間のあいだ、毎正時に五分ずつ、全国の無線のスイッチを切るよう求めた。ワシントンDCにある海軍天文台では、電波の受信装置が飛行船で三〇〇〇メートルの上空に上げられ、全国の海軍観測所が空中電気を観測して変わったところがないか監視するよう命じられた。聞こえたのは空電——それと無線沈黙デーの呼びかけに応じなかった民間放送局からの信号——だけだった。

ＳＥＴＩ運動が本格的に始まったのは、フランク・ドレイクの当初の調査に続き、太陽系のはるか外に探査を広げてからだ。電波望遠鏡がすでにどのくらい聴取範囲を広げていたかわかってもらうために言うと、ドレイクが一九六〇年に対象にした二つの星は、およそ一〇光年の距離だった——最接近時の火星までの距離と比べると二〇〇万倍にもなる。隣の部屋の会話を聞こうと思って、壁にコップを押し当ててみても何も聞こえなかったので、今度はロンドンにいながらニューヨークの会話を聞こうとするのにも似ている。もちろん、電波望遠鏡のパラボラを正確にどこに向けるかが決め手になる。

カリフォルニア州にあるSETI協会が設立されたのは一九八四年で、ジル・タータ一という女性天文学者が指揮した「フェニックス」計画が始まって数年後のことだった。タータ一は、カール・セーガンの小説『コンタクト』の主人公のモデルにもなっている。一九九五年から二〇〇四年までのフェニックス計画は、オーストラリア、アメリカ、プエルトリコの電波望遠鏡を使い、地球から二〇〇光年以内にある太陽に似た恒星八〇〇個を観測した。このときも何も見つからなかった。しかしこの調査は、地球外生命がいるかもしれないところを調べるための、貴重な情報源となるものを生み出した。ジル・タータ一は、仲間の天文学者マーガレット・ターンブルとともに、近くにあって、生物が存在できる惑星系がありそうな星、「ハブスター（居住可能な星《ハビタブル・スター》のこと）」の星表をまとめた。ハブカットと呼ばれるこの星表には、現時点で一万七〇〇〇個以上の星が収録されていて、その大半は地球から二、三百光年以内のところにあり、地球型惑星がありそうな有力候補としてふさわしい特性、特質を有している。

二〇〇一年には、マイクロソフトを創立した一人、ポール・アレンが、SETI専用の電波望遠鏡群を新設する初期段階の費用を出すことに合意した。アレン望遠鏡《テレスコープ》アレイ（ATA）と呼ばれ、サンフランシスコから北東へ数百キロのところで、今なお建設中だ。完成すると、直径六メートルのパラボラ三五〇基で構成され、それが連動して観測を行なう。第一段階は二〇〇七年に完成し、四三基のアンテナが稼働を始めたが、二〇一一年初めの段階で政府の研究資金が削減されたため、研究活動は一時停止した。その直後、支援を希望する誰からでも寄付を受け付けて、この研究を救おうとする団体が設立された。カール・セーガンの『コンタクト』がハリウッドで映画化されたとき、ジル・ターターをモデルにした役を演じた映画女優のジョディ・フォスターをはじめ、多くの人々が寄付を申し込んだ。これはなんだかいい話だと思ってけっこう気に入っている。

そういうわけで、ET探しは、あきらめられるどころか、本格的な動きが始まったばかりだ。今までのところ、念入りに調べられたのはほんの数千個の星であり、電磁波の中のほんの限られた範囲の周波数でしかない。ATAは捜索範囲を一〇〇〇光年に広げ、一〇〇万個の恒星を調べることを計画している。探査の対象となる周波数も広げられる。ドレイクが当初選んだ周波数は、星間に漂う水素が出す一・四二ギガヘルツで、これはとらえやすいものだった。宇宙は雑音だらけのところだ――銀河そのものの雑音や、地球の磁場を通る荷電粒子による雑音、宇宙誕生の頃の名残である宇宙背景放射など、あらゆる電波源からやって来る電波がある。けれどもATAは、一ギガヘルツから一〇ギガヘルツにわたる、「マイクロ波の窓」と呼ばれる周波数の範囲を走査する。これは電磁波の中でもとくに静かな一帯で、地球外生命の信号を探すのには理想的なところとなっている。

しかしもっと本格的な学術研究は、近年、知的生命の兆候を探すよりも、それがいるかもしれない地球型の惑星を探すほうに向けられていて、今日、太陽系外惑星探しは科学研究でも有数の熱い分野となっている。

系外惑星

太陽系外惑星（系外惑星ともいう）を探したり、それを研究したりすることがすごいと思うのは、きっと私だけではないだろう。恒星を観測して調べるのは、それはそれですごいことだ――何と言っても、恒星が出す光を見ればこそ、それが何でできていて、どう動いているかについて、多くのことがわかる。けれども惑星となるとまったく別の話だ。惑星は恒星よりもずっと小さいだけでなく、恒星の光を反射するだけなので、どんなに暗い恒星と比べても、明るさは一〇〇万分の一ぐらいにしかならない。そこで惑星の存在は一般に、間接的に推論するしかない。いちばんふつうに使われる手法は、いわゆる恒星面通過《トランジット》法で、恒星の真前を惑星が通過すると、恒星の明るさがわずかに減ることからわかる。この他に、惑星の重力でもそれよりはるかに質量の大きい恒星に影響するので、恒星が地球に対してわずかに前後に動くのを観察するという方法もある。このことは、恒星の出す光の周波数が、恒星が私たちに向かって進んでいるか遠ざかっているかによって変化する（ドップラー効果）のを見分けたり、位置の変化を直接測定したりすることによってわかる。

天文学者がとくに関心を抱くのは、地球型の惑星、つまり、固い表面があり、重力も地球なみ、恒星からの距離が、惑星表面で液体の水が存在できる程度という、要するに生命が存在する可能性が高い惑星だ。

本書を書いている段階では、七〇〇以上の系外惑星が見つかっているが、この数字は急速に増える可能性が高い。二〇〇九年、ＮＡＳＡのケプラー計画で、系外惑星を発見するのに必要な装置を搭載した宇宙船が打ち上げられた。二〇一一年、ケプラー計画の研究グループは、一二三五個の惑星候補を発表した。そのうち五四個は、「居住可能域《ハビタブルゾーン》」にあると見られている。さらにその中の六個は、地球と同じ、あるいはほぼ同じ大きさだ。

天の川銀河には五〇〇億個の惑星があり、そのうち一パーセント（五億個）がハビタブルゾーンにあると推定されている。居住可能な地球型惑星は二〇億を超えるという推定もある。そのうち、地球から一〇〇〇光年以内のものは三万個もある。

これまで、ハビタブルゾーンにある系外惑星と確認された二つの惑星が、とくに科学界の想像力をとらえている。そこに生物がいることを示す証拠が見つかったからではなく、「ゴルディロックス惑星」と呼ばれるものにいちばん近い候補だからだ。これは、熱すぎもせず、冷たすぎもしない——童話『三びきのくま』のおかゆのように〔ゴルディロックスという少女がどこかの家に迷い込むと、熱すぎる、冷たすぎる、ちょうどいい、三種類のおかゆがテーブルにあって……という話〕——生命に適した条件をすべてもった惑星ということだ。二つのうち一方は「グリーゼ５８１ｄ」と呼ばれ、赤色矮星グリーゼ５８１という、地球からてんびん座の方向に二〇光年離れたところにある星を回っている。名称の末尾にある「ｄ」は、この恒星を回っている惑星のうち、三番めに見つかったものということだ（何かの星に伴う惑星はｂから始まるアルファベット順に名前をつけられる——恒星本体がＡとなる)。グリーゼ581dは地球の五倍以上の大きさがあり、最近の気候シミュレーション研究からは、安定した大気と、表面に液体の水があるのではないかと見られている。同じ恒星のまわりには、他にもいくつか居住可能かもしれない惑星が発見されているが、まだそうだと断定はされていない。

もう一つの候補は、ほ座の方向に三六光年離れたところにあるHD85512星(ヘンリー・ドレイパー星表《カタログ》に載っているのでそういう名がついている)を回る、「HD85512b」という惑星だ。これは今までに見つかっているハビタブルゾーンの中では最小の惑星で、異星の生命が宿っている候補としては今のところ最有力と見られている。地球の四倍ほどの大きさで、重力は地球の一・五倍ほど、大気圏の上層の温度は摂氏二五度ほどと推定されている。表面温度はまだわかっていないが、それよりは相当高そうだ。この惑星の一年——恒星を公転するのにかかる時間——は、五四日しかない。

二〇一一年の末、ケプラー計画が最初に確認した系外惑星「ケプラー22b」を発表したときには、大きな反響があった。親恒星は、グリーゼ581やHD85512と比べると相当遠く、六〇〇光年近く離れているが、この恒星は私たちの太陽とよく似ている(G型の主系列星)。ケプラー22b惑星がどれほどの大きさか、あまりわかってはいないが、今のところ、直径は地球の数倍と推定されている。地球のように岩石型の惑星か、木星や土星のようなガス惑星かもまだわかっていない。岩石型なら、表面に液体の水がある可能性はおおいにあるし、それが太陽のような星を適切な距離のところで公転しているということは、生命を育む惑星の胸躍らせる有力な候補だ。

こうした問題に近いうちに答えが出るかどうかは議論の余地があるが、わずかな時間で系外惑星研究は大きく進んでいて、発見された事実は急速に積み上げられている。

私たちはどれほど特別か

もちろん、惑星が生命を育むのに適しているというのも大事だが、実は大事なことがまだわかっていない。よその星で適切な条件があったとき、生命が進化する可能性はどれくらいあるかということだ。それに答えるには、地球で生命がどう始まったかを理解する必要がある。

地球は、植物、動物、細菌と生命があふれている。そして多くの種、とくに微生物は、極端な低温、極端な高温、日光のないところなど、厳しい環境でも繁殖できるらしい。この生命の多様性と、できたばかりの地球が冷えた後、わりあい早い段階で生命が根づいたらしいことからすると、生命が始まるのはそう難しいことではなかったのではないかと思われる。けれどもそう見るのは正しいだろうか。今では、宇宙の別のところ（あるいはもう少し明確に言うと、この太陽系の他のところ）にも、少なくとも細菌のような生命を維持できる適切な環境が存在することはわかっているので、他の星系に生命が姿を見せているかもしれないというのは、道理にかなっているようだ。けれども、私たちがいるこの惑星は、どれほど特別なのだろう。

地球は確かに太陽からちょうどいい距離にある――熱すぎもせず、冷たすぎもしない。また、外側の軌道に木星のような巨大惑星があることの恩恵もある。木星は地球を守ってくれるお兄さんのような役目をしている。その巨大な重力で宇宙空間にある太陽系のかけらを引き寄せ、地球軌道のあたりまで入り込んで衝突するのを防いでいるのだ。

地球の大気も大きな決め手だ。呼吸するための空気を提供するだけではない――何と言っても、地球で生命が始まったのは、大気中に酸素ができるよりも前からのことだ。大気には電磁放射を処理する役目もある。大気は可視光線は通すが、赤外線（熱線）については、（太陽から）入ってくるものも、（地表から放射されて）出て行くものも吸収する。この「温室効果」は、大気を温め、それが今度は地表の水を液体に保つ。このことは、水が氷や水蒸気の状態にあるよりも、生命が栄えるのにははるかに役に立つ。

月もまた大活躍する。月の重力が地球の自転を安定させ、生命が進化する落ち着いた気候をもたらす。月の重力による潮汐力は、月が地球を公転するときに地球のマントルに作用する。とくに何十億年も前のまだ地球に近かった頃には、マントルを温めたかもしれないし、地球の磁場の形成も助けたかもしれない。磁場は地球を太陽風から守る。それがなかったら、地球の大気は宇宙空間に吹き飛ばされてしまうだろう。

プレートテクトニクスのような作用も、大気の温度を安定させるために必要な炭素を循環させ、地表の生物に使える栄養分を補給するのを助けるので、重要だということがわかっている。また、惑星の磁場にも貢献している。

つまり、私たちの惑星は、たぶん相当に例外的なのだ。しかしそれは、地球には生命が必然的に生じるということを意味するだろうか。生命が誕生し、進化がそれを引き継いでしまえば、生命は自活できたのだろうが、問題はその最初の一歩だ。

地球上の最初の生命は、単細胞の原核生物（細胞核のない単純な生物）で、三五億年ほど前のことだったと考えられている。これは最初、原始生物《プロトビオント》と呼ばれる、有機分子の集団が膜の中に閉じ込められただけのものだった。それでも、生命の重要な印《しるし》となる、複製を作ったり代謝したりといったことはできるもので、そこから生命が進化したのではないかとされる。

まだわかっていないのは、どんな継起があって、アミノ酸（タンパク質を作るのに必要）やヌクレオチド（DNAの構造単位）のような有機分子が、最初の「複製体《リプリケーター》」になれたのかということだ。この生命がどう始まったかという問題は、科学でも最大級の重要問題に数えられ、「自然発生《アビオジェネシス》」と呼ばれる〔本来は、「無生物から生物ができる」という意味〕。多くの人が、生物発生《バイオジェネシス》（生命は他の生命からのみ生じるという説）と自然発生（無機物から自然の過程を通じて生命体が生じる過程——要するに化学がどうやって生物学になるか）とを混同するという間違いを犯してしまう。自然発生の研究は、その無生物を生物に変える魔法のような一歩——一般に「自発的生成《スポンテイニアス・ジェネレーション》」〔これも要するに「自然発生」だが、アビオジェネシスと区別するためにこうしておく〕と呼ばれる一歩——が何だったかを特定しようとしている。

地球に生物が自然発生するというのは、あまりにまれな出来事で、スクラップ置き場に強風が吹くと、そこにあった材料で偶然にジャンボジェットができるようなものだと言われたりすることもある。要するに、有機分子が偶然だけで集まって、ごく基礎的な生命になるぴったりの組合せになる可能性はどの程度あるか、というふうに話は進む――驚異の巡りあわせではないかというわけだ。これは正当なたとえだろうか。

一九五三年、シカゴ大学のスタンリー・ミラーとハロルド・ユーリーが、この問題に取り組もうとして、有名な実験を行なった。確かめようとしていたのは、実験装置内で基本的な成分から生命を生み出せるかということだった。水と、原始地球の大気を再現すると思われた三種類のガス――アンモニア、メタン、水素――を混ぜ、混合物を加熱して水も蒸発させた。そうして、ガスの中で電極から火花を飛ばすことで地球大気に生じる雷を模倣し、後で蒸気を凝結させた。何週間か連続してこの過程を繰り返すと、有機化合物ができるようになり、その中にはアミノ酸もあった。これは生物の細胞で特定の配列に並んでタンパク質となる、生命にとって必須の化合物だ。けれども複雑にまとまったタンパク質そのものは見つからなかった。またもう一つの生命に必須の成分、核酸（DNAやRNA）もなかった。

出だしは有望だったが、この重要な実験から半世紀たった今も、まだ人工生命はできていない。すると、生命が自然発生で始まるのは、実はそれほどありそうにないことなのだろうか。私たちは、それが少なくとも一回は起きたことを知っている――私たちがその生き証人だ――が、今日の地球にいる生命はすべて、先祖は同じ一つの存在なのかどうかがわかると、おもしろいことになる。先祖が一つではなかったら、始まりは複数回あったことになり、したがって、私たちが思っているほど特別なことではなくなる。

近年、一回説に異を唱えるように見える研究結果が出たことがある。これはカリフォルニア州の砂漠にある変わった湖で、「GFAJ－1」という名（微生物学者も天文学者と同様、発見したものにそっけない名前をつける）の新種の微生物が見つかったことによる。モノ湖という、一〇〇万年ほど前にできたこの湖は、化学組成が変わっている。塩化物、炭酸塩、硫酸塩を含む塩分濃度が海水の二倍から三倍あり、pHが一〇という、強いアルカリ性を示す。魚はいないが、この湖の水の化学的配合は、一定の種類の単細胞藻類や小型のエビの仲間には理想的な生息地となり、それを食べる渡り鳥が、毎年何か月か、このあたりに何百万と集まってくる。おまけにこの湖は、何とヒ素の濃度も高い。

フェリッサ・ウルフ＝サイモン率いるNASAの生物学者グループが、GFAJ－1に目をつけた。それで前代未聞のことができるように思えたからだ。他の生物にとっては猛毒のヒ素を摂取して生きているという。

地球上の生命はいろいろな元素を使って生きていることはわかっているが、他ならぬDNAは、炭素、水素、窒素、酸素、リンという五種類の元素だけでできている。問題は、これらの元素と化学的によく似た元素が、代わりになれるかということだ。ヒ素は元素周期表ではリンのすぐ下にあり、原子の構造はよく似ている。NASAの研究者グループは、GFAJ－1がヒ素に耐性があること、モノ湖の水に含まれるリンが非常に少ないことを知った。そこで同グループは、ヒ素の多い食餌を与えてみた。するとＧＦＡＪ－１は繁殖した――食餌からリンを全部取り除いてさえ、繁殖した。細胞が複製を作るとき、新しいＤＮＡを作るための材料が必要となるのに、この生物は、五つの必須の成分のうち一つがなくて、どうやって乗り切っていたのだろう。

同グループが二〇一〇年の末に研究結果を発表すると、科学界に世界的な嵐を巻き起こした。この研究グループは、ＧＦＡＪ－１が、そのＤＮＡの構造をなすリンの代わりに、まさしくヒ素を使っていると唱えたのだ。もしそれが本当なら、一〇〇万ドルの賞金が出そうなほどの問題がつきつけられる。この微生物は、ヒ素をそのように使う能力を進化させたのか、それとも、まったく別の自然発生で生まれたのか。もし後者なら、生命は少なくとも二度始まることができたということになる――生物の発生はそう珍しいことではないかもしれない〔ＧＦＡＪ－１がＤＮＡのリンをヒ素に置き換えていることは、他の研究者の実験によって否定されている（二〇一二年七月段階では）〕。

地球上の生命がどのように始まったのか、私たちはまだ知らない。その問題に答えられたとしても、知的生命が登場する可能性をめぐるまた別の難問がある。結局、生命は私たちがいる銀河のあちこちに存在していても、知的生命が存在するのは一か所だけということかもしれないのだ。

カラスの行動を調べた最近の研究からすると、カラスはヒトに至るのとはまったく別の進化の経路をたどってその立派な知能を進化させたらしい。もしそうだとすれば、知能はダーウィン的進化の必然的な結果でもあるかもしれない。この問題や、何億年も前に単細胞生物から多細胞生物が進化した経緯といった問題は、生物自然発生から人間に至る進化の旅での重要な段階が、宇宙の他のところでも起きたと期待していいかどうか、教えてくれるだろう。

人間原理

フェルミのパラドックスによって立てられるよりもっと奥深い問題があり、本章を終える前に、それに触れておかなければならない。この問題は、つい最近までは哲学の世界だけでの話だったが、今や物理学の本流にも入ってきている。その中心にある考え方は「人間原理」と呼ばれ、この宇宙がある確率がとことん低いこと、あるいは少なくとも私たちのいるあたりが私たち人間が存在するのに理想的にふさわしく、ちょうどぴったりに合わせられているということに注目する。現代的な形を唱え、明瞭にしたのは、オーストラリアの宇宙論学者、ブランドン・カーターだ。一九七三年にポーランドで開かれた、コペルニクス生誕五〇〇年記念学会で、カーターは次のように述べた。「私たちが観測すると予想できるものは、観測者としての私たちが存在するために必要な条件の範囲内とならざるをえない。私たちがいる状況は必ずしもどまん中ではないが、ある程度格別のものであることは避けられない」。コペルニクスが、人類は宇宙で格別の位置を占めるわけではないと最初に唱えた科学者だったことを考えると、カーターが示したような考えを紹介するには、またとないぴったりの機会だった。ここでカーターが唱えていたのは、こういうことだった。宇宙全体が今あるように見えるのは、もし少しでも違っていたら、私たちは存在しなかったからだ。

　私自身が仕事をしている原子核物理学の分野から例を挙げてみよう。自然界の四つの基本的な力の一つに強い核力があり、これは原子核を一つにまとめることに関与している。二つの水素原子核（陽子が一個ずつ）は、強い核力の強さがその二つをまとめるほどではないので、一つにまとまることはない――しかし一個の陽子と一個の中性子をまとめてデューテロン（重水素《デューテリウム》原子核）と呼ばれるものにすることはできる。これは、水素をヘリウムにする原子核融合過程では重大な役割を演じる〔デューテロンが二つまとまるとヘリウム4原子核になる〕。この過程があらゆる恒星の原動力であり、生命をもたらす太陽の光や熱を提供することになる。けれども、強い核力がほんの少し強かったらどうなるだろう。そうなると、二個の陽子を直接にまとめることができ、水素はずっと簡単にヘリウムに変わることになる。つまり、宇宙にある水素は、ビッグバンの直後に使い果たされて、全部ヘリウム〔ヘリウム2〕になっていただろう。水素がなければ、酸素と結合して水になることもなく、（私たちが理解しているような）生命が登場する可能性もなくなる。

　人間原理は、宇宙のいくつかの特性は、それが少しでも違っていたら、私たちが出てきてそれについて問うこともないだろうからということで、私たちの存在そのものが宇宙の特性のあり方を決めていると言っているらしい。けれども、そのことは本当にそれほどすごいことなのだろうか。宇宙がこうではなかったとしても、私たち――「私たち」がどんな意味であれ――はその条件が許していたであろうことに従って進化していて、やはり、宇宙はどうしてこんなにぴったりなんだろうと問うているかもしれない。

この問題を考える一つの方法は、自分自身はどうして存在することになるかと問うてみることだ。要するに、自分の親が出会い自分を生む可能性はどれだけあったか。そして両親を、そのまた両親が生む可能性はどうか。さらに以下同様で続く。私たちはそれぞれが、生命そのものの起源にまでさかのぼって延びる、確率のきわめて低い事象の長い連鎖の先端にいる。鎖の途中の輪が一つでも切れていれば、自分はここにはいないことになる。つまり、自分はそう望めば人間原理が自分にあてはまる様子を考えることもできる。けれどもそれがすごいと言っても、宝くじに当たった人が自分の幸運について考える程度のすごさでしかない。その人が当たっていなければ、別の誰かが当たっていて、やはり自分に当たる確率がどれほど低かったかについて考えることができるだろう。

ブランドン・カーターの論旨は、「弱い人間原理」と呼ばれるようになった〔観測者は観測者が存在できる宇宙にいるという事実を確認するだけのことで、必ずそう言えるため、あてはまる範囲が広いという意味で「弱い」と言う〕。強い人間原理もある。これは、宇宙の進行は、知的生命がどこかで進化して、ある時点で宇宙の存在について問いを発するようなものにならざるをえないと言う〔こちらは宇宙は必ず観測者を含むと言っている点で、可能性を限定する度合いが強いため「強い」と言われる〕。この立て方は、先ほどとは微妙に違い、さらに思弁的だ。個人的にはこれはナンセンスだと思う。私たちを生むためにたどった道が、どういうわけか強いられたと論じる点で、宇宙に目的を与えることになる。この論法には、かなり手の込んだ量子力学バージョンがあって、これはシュレーディンガーの猫のパラドックスを

「意識ある観測者」で解決するのと似ている。私たちが宇宙を観測することによって、時間をさかのぼって宇宙が存在するようにしたというわけだ。可能性のある宇宙すべてから、私たちは自分が存在できるようになるものを選んだのだ。

人間原理の難問から抜け出すもっと簡単な方法は、マルチバース説の魅惑の呪文に屈するだけで得られる。何と言っても、ありとあらゆる宇宙が存在しうるのなら、自分がちょうどいい宇宙にいるのは不思議ではなくなる。

本章は、出発点に戻って終わることにしよう。エンリコ・フェルミが宇宙の不気味なほどの沈黙について立てた有名な問いだ。要するに、私たちにとってちょうどいい宇宙は、私たちとあまり違わない他のところの生命にとってもちょうどいい宇宙だということになる。何千億という銀河がある宇宙の広大さは、地球がどんなに特別で、そこに生命が登場する可能性がどんなに低くても、他のどこかに生命が存在する可能性は圧倒的に高いということかもしれないが、ただ、天の川銀河のこのあたりには、私たちだけしか見当たらないのかもしれない。

すると、無駄かもしれない探査をなぜ続けるのか。それは存在という最も根本的な問題に対する答えを求めるからだ。生命とは何か。私たちは特異な存在なのか。人間であるとはどういうことで、宇宙の中でどんな位置にあるのか。そうした問題には答えが見つからないとしても、それを問い続けることが重要なのだ。

第11章
残された問題

残った難問

科学の世界から取った、より抜きのパラドックス九つと首尾よく対面し、それを片づけたことには同意していただけるだろう。魔物を退治し、猫と祖父を救い出し、双子の諍いを収め、夜空と折りあいをつけ、ギリシア時代のゼノンには退場願った。けれども、私が選んだのは科学できちんと解決された難問だけで、答えられないために勝手に無視した難問がまだあるのではないかと思われているかもしれない。確かにそれはある。宇宙はまだ謎だらけだ——だからこそ人を魅了する。

残っている謎や難問は、三つの区分のうちの一つに入れることができる（複数にまたがることもある）。一つは科学で理解され解決されるのが目前のもの。次に科学者はいつか解決することを願ってはいるが、遠い将来のことになりそうなもの。それから第三の、哲学や形而上学に属していて、科学では決して答えられそうにないもの。この最後の場合は、問題が科学の範囲を超えたところにあったり、明瞭で納得のいく答えを出そうとしても、原理的にもそれを調べる方法が考えられなかったりするためだ。

本書も最後なので、科学に残る目立った問題を詳細に解説するよりも、いくつかの例を分類するだけにしておこう。とくに解決が近い順に並べているわけではないことをお断りしておく。また、以下に挙げるのは、私個人の主観的な一覧で、網羅的でもないし、パラドックスとなるような問題に限ったものでもない点もお断りしておきたい。ここでこうした問題を並べるのは、宇宙やその中での人間の位置について、まだまだ多くのことを学ぶ必要があることを浮かび上がらせるためにすぎない。

まず第一の区分に収まるもの一〇問——私が生きているあいだに科学が納得のいく答えを見つけると予想しているものだ。

①この宇宙では、物質のほうが反物質より多いのはなぜか。
②ダークマターを構成するものは何か。
③ダークエネルギーとは何か。
④十分に機能する、透明人間になれるマントはできるか。
⑤化学的自己合成によって、生命をどこまで説明できるか。
⑥アミノ酸の長い連鎖がタンパク質に畳まれるのはどういう仕組みか。
⑦人間の寿命には、これ以上は無理という限界があるか。
⑧人間の記憶は脳の中でどう蓄えられ、呼び出されるのか。
⑨いつか地震を予知できるようになるか。
⑩現行型の計算機の限界はどこにあるか。

次は、科学がいつか答えを出すと確信しているが、自分が生きているあいだにそうなるとは思えない一〇題。

①素粒子は本当に振動する極微の弦《ストリング》なのか、それともストリング理論は巧妙な数学にすぎないのか。
②ビッグバン以前に何かあったか。
③隠れた次元はあるか。
④意識は脳のどこで、どのように発生するのか。
⑤機械が意識をもつようになれるか。
⑥過去への時間旅行は可能か。
⑦宇宙はどんな形をしているのか。
⑧ブラックホールの向こう側はどうなっているか。
⑨量子の奇妙なところの根底には、もっと奥の原理があるのか。
⑩人間の量子テレポーテーションは可能か。

最後は、原理的には科学の範囲にあると論じる人も多いが、私は科学では答えられないのではないかと思っているいくつかの問題。

①自由意志はあるか。
②平行宇宙はあるか。
③宇宙を生み出したものは何か。
④宇宙を記述する数学は、私たちが発明したものなのか、それとも物理学の方程式はずっとあって、私たちが発見するのを待っているのか。

光より速い？

この最終章を閉じる前に、ある最新の実験結果を信じるとするなら、パラドックスになるかもしれないと、多くの人が考えているものの例を挙げておきたい。二〇一一年、世界中でトップニュースになったが、本書を書いている段階では解決されていない素粒子物理学の謎が二つある。一つは光の速さより速く進む粒子があるかということ。もう一つは、ヒッグス粒子という、宇宙にその内容を与える、なかなか捕まらない素粒子が実際に存在するかということ。いずれの場合も、本書を執筆している時点でははっきり片はついておらず、さらに実験を行なうことが必要とされる。本書にそこそこの寿命を与える努力の一環として、私はあえて、この二つの問題にどう片がつくか、予想をしておきたい。ヒッグス粒子のほうは二〇一二年の夏には存在することが確認されるだろう。また、光の速さを超えるかもしれないと言われる素粒子、ニュートリノの速さは、光の速さをわずかに下回ることがわかるだろう。ただし、どちらか、あるいは両方が外れていたとしても、それで私を非難しないでいただきたい。

二つの発表――光よりも速く飛んだニュートリノがあるという話と、ヒッグス粒子が見つかったかもしれないという話――のうち、科学的パラドックスの定義にはるかにうまく収まるのは、ニュートリノの話のほうだ。

これまでの話は次のようになる。ヨーロッパの二つの研究施設、スイスのCERNと、イタリア中央部のグラン・サッソが共同で行なった実験で、両施設間の地下の岩盤約七三〇キロを、ニュートリノのビームが通り抜ける速さが測定された。ニュートリノは何が相手でもほとんど相互作用しないので、岩盤でも空っぽの空間を通るようにくぐることができる。実は、主に太陽でできたニュートリノが人の体を、今この瞬間にも何億個となく、それと気づかれずに通り抜けている。

実験を行なった「OPERA《オペラ》」(Oscillation Project with Emulsion-tRacking Apparatus=写真乳剤飛跡検出装置によるニュートリノ振動検証プロジェクト)の中核は、グラン・サッソにある大型の精巧な装置で、これはニュートリノというとらえにくい粒子のうち、ほんの一部を捕まえることができる。二〇一一年九月、このOPERAの科学者が、CERNで発生させたニュートリノを測定したところ、同じ距離を光が進んだとした場合より一〇億分の六〇秒早く届いたと発表した。これはそれほどの差ではないとはいえ、ものすごい結果だった。

これがすごいのは、私たちの物理法則の理解では、光の速さを超えられるものはないことになっているからだ。私の経験では、アインシュタインの相対性理論（今回の騒ぎはそこに発する）の中では、この宇宙的制限速度の説ほど人々を悩ませるものはない。一九〇五年のアインシュタインの論文以来、何千回、何万回と実験が行なわれ、そのことは確かめられている――そしてもちろん、現代物理学の美しい構築物は、その多くがこの理論が正しいとした上に成り立っている。重要な点は、光が特別だということではなく、その制限速度は時間と空間の生地に織り込まれているということだ。

しかしそのアインシュタインが間違っているとしたらどうなるか。OPERAの研究者が見たことを理解する手だてはあるか。科学理論が科学理論と言えるゆえんは、それが否定される――新しい実験による証拠で間違っていることが示される、あるいは、もっと多くのことが説明できる、もっと良い、もっと正確な理論に置き換えられる――という点にある。しかし並外れたことを説こうとすれば、並外れた証拠が必要となる。OPERAに従事する科学者――その実験の作業に抜かりがあるとは非難できない――は、自分たちが得た結果について、どうしてそんなことになりうるのか、まったく見当がつかないことを、自ら認めている。

アインシュタインは間違っていたという大げさな報道の後、ドラマはさらなる展開を見せた。グラン・サッソでは、OPERAと成果を競っている、「ICARUS《イカロス》」という実験が行なわれ、やはりCERNのニュートリノをとらえたが、こちらは移動にかかる時間ではなく、ニュートリノのエネルギーを測定した。OPERAの当初の発表直後、理論家からは、ニュートリノが本当に超光速なら、途中で放射を出さざるをえないので、どんどんエネルギーを失うことが指摘されていた。そうならなかったら、ジェット機が音速の壁を超えてもソニックブームを起こさないようなものだという。確かにそんなことはありうるはずがない。

ＩＣＡＲＵＳの研究者は、ニュートリノは飛び立ったときと同じエネルギーで目的地に到着したので、この放射があったことを示す証拠は見つからなかったと発表した。つまりこの粒子が光速よりも速く飛んだことはありえないということだ。

大事なところは、ＩＣＡＲＵＳはアインシュタインが正しいことを証明したといっても、それはＯＰＥＲＡの結果がアインシュタインが間違っていることを示したのと同程度のことでしかないということだ。どちらの結果も実験による測定であって、発見ではない。ちゃんとした検証をしようと思えば、別の研究施設で別個に行なわれる実験をしなければならないだろう。そちらでは光速が世界記録を保持するものと、私は信じている〔二〇一二年夏の段階では、ヒッグス粒子はほぼ確認されたことが発表され、ＯＰＥＲＡの実験は他の実験では再現されず、ＣＥＲＮの装置にあるケーブルのゆるみのせいではないかと考えられている〕。

けれどもニュートリノが光より速く飛べるということになったほうがおもしろいのにとも思う。もし、そういう発見が確かめられれば、世界中の物理学者にとっては天国となるだろう。黒板が殴り書きの数式で埋まり、頭がかきむしられ、ニュートリノのパラドックスを解決できる新たなアインシュタインにとっては、手の届きそうなところにノーベル賞があるのだから。

訳者あとがき

　この本は、Jim Al-Khalili, *Paradox. The Nine Greatest Enigmas in Science* (Bantam Press, 2012)を翻訳したものです（文中の〔　〕でくくった部分は訳者による補足です）。著者のジム・アル＝カリーリは、イギリスのサリー大学で物理学を教える理論物理学者であり、また科学番組をもつ解説者としても活躍しています。著書もいくつかあり、日本では、『見て楽しむ量子物理学の世界』（林田陽子訳、日経ＢＰ社）という邦訳がありますし、番組のほうも、「万物と無の謎に挑む」、「驚くべきカオス理論」といったテレビ番組が、ヒストリー・チャンネルで放映されたことがあります。本書もそんな著者による、科学の世界に一つの面から迫る案内というわけです。

　この本が取り上げる一つの面とは、「パラドックス」という、直感や常識や日常的な論理に反する帰結です。動いているように見えても本当は動いていない、夜空は昼なみに明るいはずなのに実際は暗い、小屋より長いはずの棒が小屋の中に収まってしまう、まだ見られていない猫は生きてもいるし死んでもいる、地球外生命はいるはずなのに見当たらない……何かの考え方で話を進めていくと、そういうおかしなことが出てくるわけですが、はたしてそれは本当におかしなことなのか。間違いだとしたらどこが間違っていて、正しいとしたらどういうからくりか。それをはっきりさせてみようというのがこの本の意図です。

最初に、物理学の理論に訴えなくても解決できる小手調べのパラドックスを見た後、ゼノンのパラドックス、オルバースのパラドックス、マクスウェルの魔物、相対性理論にまつわるパラドックス三題、ラプラスの魔物、シュレーディンガーの猫、フェルミのパラドックスという九つのテーマが取り上げられます。一般にも有名なもの、さほど知られていないもの、いろいろな「パラドックス」が、それぞれ背景から理解の現状まで、解説者としての腕でコンパクトに整理されています。ただ、著者も言うように、パラドックスと言っても物理現象の世界について言われることですから、現実にどちらが本当なのかという紛れは、基本的にありません。現実にどうなるかは物理学の範囲でわかっています――ただ、その「現実」は必ずしも受け入れやすいものではない場合も多いわけで、そのためにパラドックスに思えてしまうという結果も生じます(もちろん当初は物理学者にとっても)。

つまり、新たに切り開かれる現実を現実としてとらえるには、その新たな現実がパラドックスに見えてしまうようなとらえ方を修正しなければならないということで、未知の世界を明らかにする物理学が示すのは、まさしくその修正すべき場面や、修正のしかたただということです。それまでの常識ではありえない世界を見つけ、それを単に常識に反しているとして、もやもやするだけではなく、ましてや錯覚だと切り捨てるのでもなく、その常識はずれの部分も込みにした世界のとらえ方を立て、それをしかるべき手段で確かめ(ここが大事)、新たな常識にしていくことが、物理学(科学)の仕事でしょう。

科学はすでにわかっていることの正解集で、それをもとに、それに反するものを否定するものだと誤解されていることも多いのですが、決してそういうものではありません。科学はむしろ問題集であり、またそれを解く過程であって、当の物理学者にとっても、パラドックスに見えることが見つかれば、それこそ今まで見えていなかった新たな世界像や新しいとらえ方をつかむチャンスでもあります。チャンスがそうそう転がっているわけではないにしても、物理学は（おそらくたいていの学問は）それを探して進んできたとも言えるでしょう。物理学の世界のパラドックスを見るというのは、単に珍しい事態や現実の収集というのではなく、「わかる」、「見える」ということの更新にかかわる、科学の歩みのある面での追体験ということでもあります。

そのうえで著者が示す物理学的な「解決」は、物理学として筋が通るということですが、読み進めていけばすんなり腑に落ちるという話であれば、そもそもパラドックスとも思われないわけで、解決の前提も、解決された結果も、やはりもやもやした感じが残る場合もあると思います。

あまり深入りしないように導入部分の話でその感じを説明してみれば、「モンティ・ホール・パラドックス」の解決は典型的かもしれません。もちろん確率論的に言えば「マリリン」は正しく、その教えに従えば、当たる確率は上がります。実際にシミュレーションすればすぐわかるという一つの解決法は、物理学者らしい、説得力のある論拠とも言えます。ですが、選択をする本人がそれに従った「正しい」選択をしても、三分の一は外れるわけで、その外れた人は、やはり「変えなきゃよかった」と思うことになります。ここで言う数学的に（シミュレーションによる物理学的にでも）

正しいとは、何人もが（何度も）やってみれば、マリリン式の選択のほうが当たることが多いということであり、その点ではもちろん正しいし、もっと言えば、外れた三分の一の人の結果さえ、数学的な正しさの証明ということになります。でも、「賞品を当てる問題」として考えた場合、外れた三分の一の人にとっては、その選択は間違っていたことになります。同じ人が何度も選べるなら、あるいは当たった賞金や商品をプールして、後で参加者全員が分けるというようなシステムなら、確かに得になる選択ですが、一回限りの選択では、全員が「確率が上がった」ことを実感できるわけではないということです。確率を上げるように選択することは決して無意味なことではないのですが、確率は上がっているのに自分には当たらないというのは、数学的にはともかく、体感的にはやはりパラドックスということになるでしょう（巷では評判のダイエット法が自分には効かないというもどかしさにも似ています）。この例では、科学的に考えるとは、自分は外れてもこの選択は正解だったと考えられるということでもあり、そういう点では、数学や科学の世界の感覚と日常の世界の感覚は、やはりずれているようです。

　本書に出てくる話は数学ではなく物理学なので、シミュレーションどころか、現実世界での実験で明確にすることができるものがほとんどです。直感的にはもやもやしても、きちんと説明がつくのだと種明かしをするのがこの本の意図ですし、日常的には非常識なことも物理学的にはある意味で常識になる（たぶん誰にとっても正解になる）ということを、本書は明らかにしていることに間違いはありません。ただ、実験して見せるというのにしても、誰にでもそう簡単にできるわけでもないとなると（現代物理学の世界では、物理学者にさえおいそれとはできません）、なかなか、すっきり腑に落ちるほど目の当たりにできるわけでもなさそうで、解決が解決になるには、物理学の考え方を理解する必要があるということになります（本書はそれを解説しようとしています）。

「なるほど、おもしろい」と思っていただければうれしいことで、単純におもしろいというのもパラドックスについて話す動機の一つだというのは著者自身も言っていることですが、やはり「もやもやする」、「腑に落ちない」という感覚が残る場合もあるでしょう。そういう人が多いからこそ、こういう本の出番があって、手を変え品を変え、仕組みを明らかにしようとするとさえ言えます。どんなパラドックスも、それを解く必要性は決してなくならないことが、もしかすると最大のパラドックスかもしれません。

だからこんな話は無駄だというのではありません。物理学的に見るとこうなるという、別の腑に落ちる局面があるということはよくわかるはずです。日常的な実感だけで考えていると、それではつかみきれない世界が現実にあるということです。科学と日常の感覚がずれているとしても、それはどちらか一方だけが正しいということではなく、また、好みの問題でどちらでもいいというわけではなく、場面が違えばとるべき考え方が違うのだから、その違う感覚もなぞれる態勢はとれるようにしたいということにもなります。そしてあらためて言えば、単にパラドックスが解決されてすっきりするかどうかという結果だけでなく、パラドックスが存在することが、それを解決するような新しい現実の理解のしかたを（もしかするとさらに、それが解決されていることを説明する新たな方式を）生むということに、そこで生まれた新しい（あるいは普段とは違う）理解のしかたとともに、目を向けてほしいと思います。

この本の翻訳は、ソフトバンク クリエイティブ数理書籍編集部の江頭修氏の勧めによって手がけることになりました。私に目をとめて、このような機会を与えてくださったことに感謝します。氏とそのスタッフの方々には、出版にいたるまでの実務をこまごまと面倒見ていただきました。本の顔となる装幀は松昭教氏に担当していただきました。併せてお礼申します。また、毎度のことながら、ネットや図書館をはじめ、いろいろなところに資料を蓄積したり、また私のところまで届くようにしてくれたり、そのようなシステムを整備したりしてくれている無数の方々にも感謝いたします。本書が今とは違う考え方への入り口になれば幸いです。

訳者識

二〇一三年二月

索 引

◎著者紹介

ジム・アル=カリーリ（Jim Al-Khalili）

英国サリー大学の理論物理学教授で、科学番組の解説者としても活躍。一般向けの科学書をいくつも書いており、これまでのところ計20か国語に翻訳されている。近著に *Pathfinders: The Golden Age of Arabic Science* がある。テレビやラジオでいくつかのドキュメンタリー番組の案内役も務め、英国映画テレビ芸術協会賞にノミネートされた *Chemistry: A Volatile History* や、*The Secret Life of Chaos* などの作品があり、BBC Radio 4で毎週放送される *The Life Scientific* の司会も務める。また、科学の普及に関する業績により、2007年に英国王立協会のマイケル・ファラデー賞、2011年には英国物理学会のケルビン賞を受賞している。

◎訳者紹介

松浦俊輔（まつうら しゅんすけ）

科学関連書を幅広く手がける翻訳家。名古屋学芸大学非常勤講師も務める。訳書に、ゲンスラー『とてつもない宇宙』(河出書房新社)、フィッシャー『群れはなぜ同じ方向を目指すのか？』(白揚社)、ウェッブ『広い宇宙に地球人しか見当たらない50の理由』(青土社)、ダードーシャー『素数に憑かれた人たち』(日経BP社) などがある。

物理《ぶつり》パラドックスを解《と》く

2013年3月15日 初版発行

著　者：ジム・アル=カリーリ
訳　者：松浦俊輔《まつうらしゅんすけ》
発行者：新田光敏
発行所：ソフトバンク クリエイティブ株式会社
〒106-0032　東京都港区六本木2-4-5
営業　03-5549-1201
編集　03-5549-1234
装　丁：bookwall
組　版：クニメディア株式会社
印　刷：中央精版印刷株式会社

Printed in Japan
ISBN 978-4-7973-6937-3